人文科普 —探询思想的边界—

宇宙简史

HISTORIA MÍNIMA

DEL COSMOS

［西班牙］曼努埃尔·托阿里亚（Manuel Toharia）著

孟凡济　吴见青　译

中国社会科学出版社

图字：01-2017-7013号

图书在版编目（CIP）数据

宇宙简史 / （西）曼努埃尔·托阿里亚著；孟凡济，
吴见青译. —北京：中国社会科学出版社，2018.7（2020.12重印）
ISBN 978-7-5203-2533-2

Ⅰ. ①宇… Ⅱ. ①曼… ②孟… ③吴… Ⅲ. ①宇宙—
普及读物 Ⅳ. ①P159-49

中国版本图书馆CIP数据核字（2018）第110341号

Original title: Historia mínima del Cosmos
© Manuel Toharia, 2015
First published by Turner Publicaciones, S.L., 2015.
The simplified Chinese translation rights arranged through Rightol Media
（本书中文简体版权经由锐拓传媒取得 Email:copyright@rightol.com）

出 版 人	赵剑英	
项目统筹	侯苗苗	
责任编辑	侯苗苗	
责任校对	周晓东	
责任印制	王 超	

出　　版	中国社会科学出版社	
社　　址	北京鼓楼西大街甲 158 号	
邮　　编	100720	
网　　址	http://www.csspw.cn	
发 行 部	010-84083685	
门 市 部	010-84029450	
经　　销	新华书店及其他书店	

印刷装订	北京君升印刷有限公司	
版　　次	2018 年 7 月第 1 版	
印　　次	2020 年 12 月第 2 次印刷	

开　　本	880×1230	1/32
印　　张	7.125	
字　　数	154 千字	
定　　价	69.00 元	

凡购买中国社会科学出版社图书，如有质量问题请与本社营销中心联系调换
电话：010-84083683

致：离我最近的宇宙——凯蒂和我们的孩子们，何塞·胡安和阿德里亚娜、曼努埃尔和玛丽丝、克里斯蒂娜和理查德；以及他们的孩子们，我的孙子们，马可、安娜、埃里克、胡安、汤姆、加布莉艾拉、达尼和大卫。

目 录

第一部分

宇宙起源说

I　仰望苍穹

如果我们能够忘记学校的知识，并删除周围世界传递的信息，关于宇宙我们会想到什么？如果那些当下被视为理所当然以及显而易见的科学知识与我们通过观察而形成的逻辑有冲突，我们将会作何解释？

我们来看一个很容易观察到的发生在天上的例子：太阳的日间移动。很显然，因为太阳在移动：所以它从东边升起，又以同样的方式从西边落下。这些知识不需要任何人教给我们，我们很容易就"了解"到太阳的东升西落。

如果有人说太阳没有移动，事实上是我们自己在转动，我们会认为他一定是疯了！我们自出生起每天都亲眼见到太阳不是静止的，日日从东边升起西边落下。

但是，从孩童时期我们的所学与我们的所见就是对立的：地球自西向东地自转，而太阳一直是静止不动的。学习难以接受的知识是残忍的：我们不能关注自己的感知所提供的那些想当然的证据，因为它们掩盖了我们想要的真相。尽管我们看到太阳在移动，但事实上是地球围绕地轴在转动；这个事实并非我们亲眼所见，而是比我们更有学识的人教给我们的，相比我们的双眼，我们更相信他们。

因此，通过上述例子以及其他类似的情况，就能说明我们大多数人是科学的信仰者吗？所有人都真的能够解释为什么是地球自西向东自转，而不是我们所见到的太阳东升西落吗？

当然，有关日地系统的运动有一套可证明的科学基础，由此，"所见非所得"也成为一个悖论，进而佐证了为什么科学替代了宗教信仰。

遗憾的是更多时候是这样的：如果用怀疑的眼光看待所有大众理应普遍接受的知识，且不论这些知识有多复杂，都必须承认人们几乎是盲目信任了科学和技术领域的专家，就好比某些宗教信徒忏悔时信任着牧师一样。

回到太阳这个例子，很多人仍坚信太阳从东边升起，从西边落下，这是他们忽略了真相颠倒的原因，即地球以相反的方向自转。如果足够权威的人士告诉他们这个事实，或者学校这么教授他们的子女，许多人最终还是可以接受的，但无论怎样，这些人都不愿接受的是他们的眼睛欺骗了他们。

可以说接受真相的过程很像一种对科学的信仰？

无论如何，科学和信仰没有丝毫关系，这一点必须明确。信仰永远不可能是科学的，因为科学活动绝不会基于传统，也不会基于一些专家或先知的权威，当然，更不会基于神的启示录。科学知识永远是有时效性的，要面对不断的质疑，它基于能够被证实的证据，而且，这些证据可能最终被另一些证据证明是错误的或者不精确的，进而被推翻。

科学活动要求那些基于证据的结论和各种类型的证明都要经

过考验，经过怀疑主义的批判，最终被修正。一句通俗的话来总结这个过程：在科学中，只有被证明了没有反例的事实，并且由此事实衍生的后续发展或者预测均有效，这种事实才称得上真理。

但在此之前，的确存在一大批"地心说"的信徒，那些认为地球才是万物中心的人经常坚定地捍卫地心说，认为"这显而易见"。有意思的是这些人出于宗教原因而捍卫地心说，并在16世纪和17世纪之间将这种捍卫以残忍的方式推向高潮：被视为异教徒的乔尔丹诺·布鲁诺在16世纪末的1600年被活活烧死，而伽利略也差点遭遇同样的厄运。

然而，那般坚定的宗教态度也许最终也无法解释清楚因为什么从那时兴起的宇宙学替代了基督教的宇宙起源说，以及任何其他基于各类信仰的宇宙起源说。

事实上，我们祖先中的一些智者早就形成了地球在一天内围绕穿过其两极的地轴自转，同时在一年内围绕太阳公转的想法，比如希腊萨摩斯岛的阿利斯塔克，在公元前3世纪时不仅提出地球自转，而且猜想太阳位于可见宇宙的中心（对于此他并非确信不疑，因为他是一位思想家，除了自己的双眼，没有其他可以借助的观察工具）。

继阿利斯塔克之后大约两千年，在16世纪中叶，尼古拉斯·哥白尼重提并明确上述想法（日心说），并在其著作中记录了他的推理过程。但这部著作因来自天主教的愤怒而被"雪藏"了许久才得以名正言顺地出版。天主教自一开始就坚定地追随亚里士多德以及托勒密的地心说，对于他们而言，地球是宇宙的中心。

对于三大一神论宗教（基督教、犹太教和伊斯兰教）和诸多其他宗教而言，相信地心说可以带来便利，因为他们的弥赛亚、先知和神灵将不会被任何自转且围绕银河中恒星公转的星球的居民所打扰，这些人听起来显然就是异教邪说。

哥白尼的著作直到1543年他去世才得以出版，尽管随后被禁，仍有许多副本秘密流传，并到达别的国家。而几十年之后的1584年，神学家布鲁诺重提日心说，并出版了一部著作捍卫之，其中增加了一些哥白尼未提及的观点，如宇宙中心亦非太阳，而是其他恒星。布鲁诺因其泛神论的异教邪说于1600年被宗教裁判所执行极刑，而他的那些天文学说也一定程度上导致其厄运的来临。

最终，我们迎来了著名的伽利略·伽利雷，他不但重提了哥白尼学说，而且通过他的简易望远镜（在当时很先进）的观察证实了日心说。不过，大量且有力的实验结果并未令宗教裁判所觉得确有其事，因为教条始终是教条，也因此才具有最高的权威性。

哲学家、数学家和作家伯特兰·罗素（诺贝尔文学奖得主，于1970年逝世，享年97岁）曾明确指出，宗教和伽利略乃至布鲁诺、哥白尼甚至萨摩斯岛的阿利斯塔克（尽管其生活的年代尚未有基督教）之间的矛盾，是归纳推理和演绎推理之间的一场战争。

科学方法中的归纳法令伽利略用优于人类感知的手段观察到了一些事实，并基于这些事实，通过实验测试得出结论。尽管那些测试可以经过恰当的实验反复验证，依然与宗教裁判所捍卫的演绎法背道而驰，而演绎法的基石则是许多世纪以前，甚至早于基督教出现的那些权威论据和远古传统。

伽利略在佛罗伦萨受到判决后 359 年的 1992 年，教皇约翰·保罗二世对此表示歉意并为其平反。但是，作为辩解，教皇补充道他对那个年代的宗教立场表示理解，因为伽利略的实验并未足够有力，进而推翻神学和哲学"实验"。神学实验？难道神学不正对其基本信条——上帝的存在——缺少有力实验证据吗？如果有此类实验证明上帝的存在，那也就不再是信条了，将会显而易见地成为一个科学结论。

古时的宇宙起源说连同人类起源一直是拒绝给宇宙学让道的。哥白尼、布鲁诺和伽利略的经历不过是人类开始基于科学方法观察和分析世界的转折点罢了。自此宇宙学开始慢慢取代其他理论，那些基于传统或者信仰的，无法被证实的理论。

II 宇宙起源说

西班牙皇家语言学院对于"宇宙起源说"的第一释义为：关于世界根源的神话故事。即通过神话来解释整个宇宙的开天辟地。我们还记得，神话在解释万物时假设神灵或超能力是存在的，这不但适用于上帝，也适用于怪物，甚至现代人口中的外星人。

有趣的是，皇家语言学院的成员之间对于"宇宙起源说"的释义也存在分歧，因为其第二释义就与上文所述的释义背道而驰，而且更加令人困惑：研究宇宙根源及演变的科学理论。因为这个释义指的是科学理论，也就是现代所谓的宇宙学。当然，宇宙学和神话之间没有半点关系。

科学中的理论和我们日常所说的理论不同，后者若非纯推测就是假说或假想。而科学理论则是基于发现和证据的假说，并能够作用于我们的知识体系，或者说，是从可证的事实出发得出的结论，而不是免费或随意得来的。

例如，相对论是一种根据已有知识所提出的假说，它的出现解释了很多当时人无法理解的事物。时至如今，尽管我们还称其为一种理论，实际上它已经可以被实验证实。也许，称为定理更为贴切。在之后的章节，我们将会更为细致地分析另一个重要科学理论，这一理论断定大爆炸的存在，以及其特征。

说回神谱。神谱将宇宙和位高权重的诸神关联在了一起，他们能够创造并控制宇宙万象。无论是在人类历史的长河之中，还是在今时今日，众多神谱都常常主导着人类文明的行为，尽管这些行为并不总是和平的。

所有的宇宙起源说都以某种神话或宗教为依托。相反，科学体系下的宇宙学是唯一的。但这不意味着宇宙学已经"盖棺定论"，因为科学一直在发展。很多宇宙学的疑团尚未完全解开，甚至某些情况下还存在悖论，尚待进一步地研究、证明、实验，并通过其他相关的科学手段得出结论。

一般来说，宇宙起源说往往被古老的想法所左右，其最初的目的也许只是想象人类所知的起源以及未来演化。正因如此，皇家语言学院在宇宙起源说的第一释义中使用了一个非常模糊的名词"世界"。换言之，宇宙起源说中宇宙就是世界，可以从世界这个词最原始和基本的定义出发解释什么是宇宙。而且，在宇宙起源说中，总有一段关于万物起源的传说，传说中宇宙要么源自虚无，要么源自混沌。

在许多关于宇宙起源说的故事中，世界万物都从混沌无序中将最初的无序变为有序，而这种改变非常激烈甚至突然，且总是通过圣物的介入来完成。在另一些神话中，世界万物从虚无中诞生的过程（创世记），是按照圣经故事中描述的阶段逐步完成的。

有趣的是，所有那些能够从混沌无序或虚无中创造世界万物的神，大多以人类作为化身，有时也会将动物作为化身，甚至是两者结合，比如埃及的荷鲁斯神就是鹰头人身。但很少见宇宙起源说中拥有至高无上权力的神不以人类作为化身。三大一神论宗教的教义说到底是统一的，都提到一位神（耶和华或者安拉）创造了和他们很相像的我们。或者更简单地，这是一位拥有至高无上权力的神……但是以超人的形式，或者说是拟人化的神。

这些虽然听起来有些随意，仿佛是供无聊人们消遣而编造的谎言，但事实上，一套完善建立并广为接受的宇宙起源说可以帮助那些尚处于原始状态的人类文明认知其所处的世界。那时的人类文明对于世界的认识还很迷茫，但是这个世界对于他们而言是有意义而且有起源的。因此，人类中的领导者便可以设计一套具体又抽象的秩序，令他们作为神话故事真相的主宰，能够长时间地通过混乱和不确定获取利益。

历代帝皇和国王直接与神结合，或者自认为是神的传统得以延续至今并不出奇。苏美尔王朝的国王是古巴比伦时期从大洪水中解救众生的人类后裔，是神圣的国王；而他们之中的第一位国王舒尔吉，就是一位女神之子。印加人和埃及的法老们都是太阳神之子，而主宰尼罗河流域的荷鲁斯是最后一位兽首人身的神。印度及波斯，以及中国和日本的原始王朝也有类似的传统。在欧洲，贵为人上之人的国王之所以是国王，不是因为其卓越的才能或高贵的血统，而是因为"神的恩典"，君主制的基石恰恰就在于此。

自古以来，神话就是关于上帝诸神及天使、英雄、使者或者预言家的故事，他们在神话故事中均以其至高无上的神性的名义行为处事，这些行为具有象征意义，世代相传，其目的在于解释宇宙万物和人类的起源。神话故事给不同的文化提供了一套统一的世界观，这对于从心理上稳定同一族群的人们很重要，同时，神话故事能解释那些摧枯拉朽但却无法让人理解的自然现象，比如风暴或者日食。

不同神话的故事也有所不同。比如，希腊人的宇宙起源说中，世界万物源自混沌，只有神的创造可以将世界万物的混沌转为有序。正如赫西俄德在其闻名于世的著作《神谱》（希腊和罗马神话故事的基础）中所述，因为神的创造才有了人与善。柏拉图在其著作《对话录》中也有类似的观点，是造物主创造了世界万物，造物主才是世界最高级的建筑家。事实上，柏拉图乃至他的学生亚里士多德关于宇宙雏形的想法中，已经有数世纪之后才出现的宇宙学观点。

相反，犹太教和基督教的宇宙起源说中，世界万物的起源是奉了神（耶和华）的旨意，这记录在《创世记》书中。尽管在拉丁语写成的《圣经》中使用了"源自虚无"一词阐述宇宙起源，但是，在其后的解释中，世界万物的创造过程是通过不同的分离来实现的，包括陆地和天空分离，陆地和海水分离，光明和黑暗分离等，这又让我们联想到美索不达米亚和希腊人的宇宙起源说中关于混沌的想法。

不管怎样，无论是美洲、亚洲还是地中海文明，说起宇宙都试图涵盖所有，但其实仅包含了人类可以看见的部分。尽管人类对诸神可以腾云驾雾这一点并未感到不可思议，但是在逻辑上，人类认为诸神生活在天地间的某个区域，比如一座很高的山。

正因如此，希腊人将奥林匹亚山当作诸神居住之所；这座山峰虽然高达 2918 米，是希腊第一高、巴尔干半岛第二高的山峰，但在地球上并非一座非常高的山峰。圣经故事的编撰者也如出一辙，因为在地球大洪水之后，诺亚和他的同行者们登陆了世界上最高的山峰阿勒山（或许像希腊人说的一样，是宇宙中最高的山峰？），阿勒山高 5165 米，是现今土耳其最高的山峰。斯堪的纳维亚半岛的神话故事中也有类似的描述，他们的诸神居住在人类无法企及的巨石之上，其中，第五大巨石就是闻名遐迩的瓦尔哈拉英灵殿。

每个文明中对于宇宙的描述都取材自其附近的景物，这就导致了众多宇宙起源说之间的不同，就好像孕育出这些悠久文明的自然环境一样千差万别。比如美索不达米亚平原或者尼罗河流域，土耳其安纳托利亚和附近的希腊诸岛，斯堪的纳维亚半岛诸国的海岸，等等。

Ⅲ　早期的尝试

▶▷　澳大利亚原住民

想了解克鲁马努人的想法并非易事，他们像我们现代人一样聪明，但由于第四纪冰河时期（英语中被称为威斯康星冰期）末的极端天气，他们的活动范围受限于洞穴，直到大约一万年前威斯康星冰期完结。世界上现存最古老的澳大利亚土著文化也许就是其最具代表性的一个例子，他们的历史可以追溯到几千年以前，生活的区域或许在澳洲大陆的北部，现在属于热带气候，但在当时却非常寒冷。

对于澳大利亚土著人而言，世界的起源和未来，以及人与自然的关系，都可以通过梦境传说来解释。梦境传说是一种世代相传的宗教传统，它与日本的神道教类似，发源于一个南回归线附近的圣地，我们今天称为艾尔斯巨石，在澳大利亚土著语中称为乌鲁鲁（Uluru）。在日本的神道教教义中，神（Kami）是大自然的灵魂，是山峰的灵魂，是森林的灵魂，也是树木的灵魂。类似的教义也存在于古老的澳大利亚土著文化之中，他们将一块巨大的岩石作为自然万物的缔造者。

当然，澳大利亚土著人也会仰望苍穹，而他们所处的澳洲内陆的干燥气候也提供了利于观察天空的条件。有一些土著部落，比如顾林凯族（Guringai）或者雍古族（Yolngu），就基于天空中星体的运动计算日期，这些也许是人类史上最早的日历，甚至早于全新世。这些日历比现在我们使用的日历更加复杂，有六个季节，并且通过不同星座的位置（在南半球靠近赤道的位置可以看到这些星座）给劳动者提示收获或狩猎的季节，即使在当时他们还没有一个组织有序的农业体系。

▶▷　下加利福尼亚的基利瓦人

位于墨西哥下加利福尼亚地区的基利瓦文化晚于澳大利亚土著文化，但早于美索不达米亚文明。据推测，基利瓦人得以在这里生存繁衍，就跟生活于两万年前的澳大利亚原住民一样，是因为当地良好的气候条件。

在基利瓦人的宇宙起源说中，世界万物起源于黑暗，被他们供奉为神灵的郊狼驱除了黑暗，带来了光明，而后从口中吐出水流形成了海洋和河流，创造了世界上的一切。

神话之外，基利瓦人还能够辨认恒星、星座、行星、彗星以及银河系，貌似还了解月相变化的周期和月食。对于基利瓦人而言，月亮是他们的造物之神郊狼的化身，金星是他的妻子，天上的繁星是人们离世之后为其亡灵点亮的篝火。

基利瓦人的神话故事尽管单纯，与后期西方文明几大宗教的神圣经文中所包含的故事也无太大差异，但是他们强大的观察能力，以及想象和传播这些原始传说的能力都值得称赞。

▶▷　美索不达米亚

东方文明中最古老的文明代表也许是位于美索不达米亚南部的苏美尔，可以追溯到新石器时代，属于全新世的早期，距今9000年到4000年之间。

古老的苏美尔人认为地球像一个圆盘漂浮在永恒的天空之海，世间万物，无论是游鱼、走兽，还是人类，均由水和混沌创造而来（男神阿勃祖代表水，女神提亚玛特则是混沌的象征）。日夜可见的宇宙在当时也被认为是一个圆盘，其上覆盖有一个闪烁的金属穹顶，也许是由当时人们已经认识的黄铜所制；宇宙之中，马杜克（木星）和混沌诸神之间的战争以马杜克的胜利告终。胜利所带来的结果之一是允许地面作物作为男神和女神繁衍的成果而出现。当秋冬来临时，天气变得恶劣，因为某个神的死去导致作物不再收获。当然，每当春天来临，另一个神又会诞生。如此周而复始。

我们的远古先人有如此丰富的想象也着实令人惊诧，这些想象由后来的文明不断地修正和扩充。

随着时间的推移，数学和天文学知识不断发展，逐渐完善了这些传说。美索不达米亚早期族群的后裔，迦勒底人和阿卡德人，逐渐将这些口述的概念变得更为精确，符合最新的发现。大约4000年前，在苏美尔和阿卡德国王时期，就已经存在精确的度量单位，以及以六十进制为基础的算术、代数和几何学；这意味着当时的人们已经不再通过累积单位物品，而是通过数字符号来计数，在这套数字符号体系中每个符号都有自己唯一的数值。

在美索不达米亚文明的后期，他们的宇宙起源说与埃及人不谋而合，两个文明不仅地理位置较近，而且文化相似。在他们的想象中，宇宙是静止的，分为天与地两极，周围环绕着太阳和月亮，这些全都处在装饰着星星的球体中。天体运动的规律掌握在诸神手中，当时的某些图案让人不禁联想到日心说（这些图案展示出一颗恒星，周围环绕一些小的星球）。

在 2740 年前，新巴比伦王国的建立者那布那西尔执政时期，美索不达米亚的子民不仅能够预测日食，而且还给围绕黄道分布的十二星座逐一命名，他们没有放弃世界神圣的起源这一观念，但肯定也想到了天地之间主宰各种自然循环的法则，这些自然循环是他们在当时能够描述出来的，比如雨水、日照、四季变化、日食等，那些可以用于预测的天文学知识开始服务于历朝历代的国王以及他们发动的战争，从而诞生了占星术。如今，占星术是为大众所用的卜筮，但在当时，却仅惠及当权者，以此体现其卓越功勋。

那布那西尔在巴比伦国王称王仅 14 年，如果不是因为他开启了一个时代，那么他在史上不值一提。这个新开启的时代在 1000 年后帮助克劳狄乌斯·托勒密（公元 100—170 年）做出了他的日历；此日历正是由那布那西尔时代所开启。那布那西尔时代第一年的第一天相当于公元前 747 年 2 月 26 日。托勒密选择那布那西尔作为这个时代的开启者并非偶然，因为他是有规律地进行天文观测的代表人物。

随着美索不达米亚的智者和祭司的不断发现，他们的宇宙起源说也逐步进化。比如说，四季的计算，行星逆行的描述，月相变化周期的精确计算（出奇地精确，2400年前计算的结果是29.530594天；而真实的天数是29.530589天），以及有13个月的阴阳合历的发明。

▶▷　埃　及

埃及文明发源于尼罗河流域，与美索不达米亚平原的诸多文明在几千年间同时存在，地理上也相对较近。两种文明之间存在文化和科技发展方面的某些共同点，但埃及人却有比美索不达米亚人更加根深蒂固的对死者的崇拜，甚至演化为一种宗教，其大祭司拥有着与法老比肩的权力。相反，埃及人不如美索不达米亚人对天文学的兴趣浓厚，他们对星星、太阳和月亮的使用仅仅是作为一种简易日历的基础，但纵使简易，这种日历也精准地与生活在尼罗河流域的埃及人的农业周期吻合。对于埃及人而言，宇宙是长方形的，有趣的是这个形状和这个国家所处地域的形状近似，自北向南沿着尼罗河两岸延展开来。这个长方形宇宙的上半部分由一块巨大的金属片组成，高高的山峰支撑着金属片的四角；而星球是源自陆地的，就好像地面升起的篝火，在白天并不能看到。伊西斯创造了银河，用麦田种下了苍穹，后来，银河被认为是尼罗河在天际的倒影，也因此，太阳神"拉"得以乘船航行其中。对于其他行星，埃及人鲜有提及。

事实上，埃及人的宇宙起源说跟宇宙并没有太大关联，也并未做出星象预测；他们的宗教世界基本上都是精神层面的，但这不意味埃及人忽略了基本的天文概念。就像其他居住在天气良好地域的文明一样，因为夜空晴朗无云，所以埃及人也会经常仰望天空并记录星空的主要特点。比如，建于公元前 2500 年到公元前 2600 年间的吉萨金字塔群，自北向南一字排开，偏差小于 1 度。进入吉萨金字塔（胡夫或吉奥普斯）的通道指向右枢星（天龙座 α），在当时标记了地球北极（如今是勾陈一，或小熊座 α，北极星）。

▶▷ 印　度

梵天创造了印度人的宇宙，通过冥想，将宇宙这个原始金卵一分为二，一半是天，另一半则是地，宇宙周围环绕的是神圣黑色衔尾蛇舍沙。事实上，梵天的宇宙起源说大概源自 3000 多年前，并出现于梵文撰写的不同版本的吠陀之中。从这个角度来说，印度文明比苏美尔和埃及出现得晚，但随着婆罗门教以及随后佛教的出现有了高速发展。无论是印度的宗教还是宇宙体系，在解释世界万物及其起源的时候都像埃及一样，更接近具有象征意义的精神灵性，而非基于天文观测的现实主义。

大约 2500 年前，释迦族的王子乔达摩·悉达多（后来又被称为佛陀乔达摩·悉达多，字面意思是完美的自我觉醒和最好的牛的后代）宣布放弃王位，创立了佛教。他创立的佛教，不仅补充且明确了古老吠陀法（吠陀宗教基于四大吠陀，而吠陀是几个世纪之前就用梵文写成的）中许多元素，而且其感悟是用最简单的语言（普拉克里特诸语）撰写的，因此很快流行起来。随后没多久就出现了印度两部著名的史诗——《摩诃婆罗多》和《罗摩衍那》。其中《摩诃婆罗多》于 2300 年前成书，收集了在那之前的思想和历史，因此被认为是一部完整的有关印度历史的史诗和神话故事集；在其十八卷书的上万首诗集中，引用了许多过去与神相关的宇宙起源说的概念，它们都是基于轮回这一基本概念的：万物均能死而重生，只为开始新的轮回，若能得道，则能永恒。

至于另一部《罗摩衍那》，字面意思是"罗摩历险记"，是一部基于罗摩的一生及其创举而写就的史诗巨作，其内容涉及诸多道德标准，而罗摩则被看作是众生保护之神的毗湿奴化身。

▶▷　中　国

中国是世界上最古老的文明古国之一，但是其可考的历史最早可追溯至大约 3500 年前的商朝。从那个时候的文字可以推断中国在当时就有很多的观星者。大约 2400 年前中国人就可以准确地定位很多恒星，以及在这个国家广袤土地的不同位置所能观测到的星座。和美索不达米亚不同，中国人没有太关注黄道及十二宫，而是以天空恒久可见的拱极星为参考坐标来描述其他恒星。中国人的这些知识没有关联到任何宇宙起源说，更多的是将行星与五种自然元素和罗盘方位一一对应，就像其后欧洲中世纪时期的占星家和方士一样：木与木星（东），火与火星（南），金与金星（西），水与水星（北），土与土星（中）。银河则被想象为天空之河，或者是雨水（银河在天际中央出现的时节与雨季不谋而合）。

　　古代中国人没有把宇宙中的天体看作是神灵，也不是世界起源或世界末日的传令官；但是他们将天空分为二十八星宿。中国人在代数上也有所发展，但在几何学上的落后，给他们了解天空造成了困难。

　　中国最古老的宇宙起源说认为天空是个半球，大地是一个开口向下的盒子，四周被巨大的海洋围绕，海洋和苍穹边际融为一体。天地之间的气体稳定了它们之间的平衡。太阳、月亮、行星以及其他天体和苍穹是一体的，但是有自己的运动轨迹。有趣的是这些初级天文学假说缺乏观测结果的支持，与宇宙起源说之间既无宗教也无神话的联系，而是以纯抽象的方式建立起来的。

▶▷　原始欧洲

　　罗马帝国建立于 2000 年前，在此之前，欧洲某些区域的部落有着很好的天文知识，他们了解一年之中不同时节天空的变化。他们通过巨石的方式给我们留下了许多可以展现他们天文知识的证据，包括立石、石墓，以及巨石阵。

　　这些建筑于公元前 5000 年出现在葡萄牙南部，随着新石器农业革命而在欧洲大西洋沿岸的其他区域普及开来，并传到了欧洲东部。这些建筑日渐复杂，直到大约 3500 年前的青铜时期到来。

　　这些建筑一般由巨石组成，有的巨石重达数吨。立石是长形巨石，垂直于地面，或孤独而立，或根据某个方向组成一条直线，比如分点和至点，或者南方和北方。组成巨石阵的巨石呈圆形排列，巨石阵除了作为日历指示日期外，有时也可以指向分点和至点线的方向，其中最著名的是位于英国的巨石阵。最后，石墓的结构最复杂，有门，甚至有走廊，应该是用于葬礼仪式；大概最有名的是位于西班牙安特克拉的石墓，以及位于爱尔兰的纽格莱奇墓。

今天我们得知，这些巨石即使在同一个区域，代表的也是不同的文化。最近几十年，还有欧洲之外，如在土耳其和非洲北部的巨石被逐渐发掘，有些巨石可以追溯至几万年前。此外，巨石在印度、韩国、玻利尼西亚（跟欧洲差不多同一时期）均有发现，甚至在哥斯达黎加也有巨型半圆形巨石。

▶▷ 中美洲民族

中美洲原始文明分布在一个广阔区域，包括墨西哥南部的2/3、危地马拉、萨尔瓦多、伯利兹，以及洪都拉斯、尼加拉瓜和哥斯达黎加的部分区域。众所周知，早在全新世（大概跟美索不达米亚同一时期）这里就出现了最早的以农业为生的民族，但有证据表明，大约两万年前在这个区域也存在过打猎为生的民族。据推测，真正的文明奥尔梅克文明存在于大概5000年前，并在接下来的3000年间繁荣发展，其文化影响着同一区域其他地方的居民，不但孕育了另外两个古老的文明——玛雅文明（大约1000年前）和萨波特克文明（大约1800年前）；还有至今尚存的特奥蒂瓦坎、托托那卡、托尔特克，以及阿兹特克文明，也就是墨西加文明。

　　在如此漫长的时间中，存在这么多不同的民族，要提取出唯一的宇宙起源说是困难的。然而，中美洲文化共同的基本特征中有一点是他们的实践知识，这些知识来源于他们以卓越的精神对周围自然环境的观察，并伴随着深深的宗教精神，以及与地中海和东方文明同样丰富的想象。

　　前古典时期中较早的几部日历大约形成于 3000 年前。事实上，所有的中美洲文化都使用一个类似的体系，这也佐证了这些文化的相互关系。纵使较晚出现的墨西哥日历，也是基于同一个想法。用于命名年份、月份和日子的名称源自前古典时期早期的对于自然环境的宗教观（植物、动物，以及不同的星球）。

　　很显然，各个时期的中美洲居民对于肉眼可见的星球动向是很了解的，但是关于它们可能的起源却没有太多的资料。而在所有文化中广泛存在的，并且上升到宗教总论的重要理论是事物的二元性。因此，数学体系是二十进制，2 是数字的根源。玛雅人，甚至也许更早的奥尔梅克人，是领先于世界其他民族最早使用数字零的。天文计算发展过程中数字零的使用令 2000 多年前的玛雅人得以较为精确地了解主要星球的运动轨迹。比如说，他们算出一年有 365.2420 天（实际是 365.2422 天），考虑到他们并没有计算器，以及当时的最小计时单位是天，这个计算结果的精确程度令人惊讶。

　　顺便提一下，数字零从阿拉伯传到欧洲已经是公元 9 世纪，数学家花拉子米在他的著作《代数学》中暗示印度数学家婆罗摩笈多早在公元 628 年就已经建立了数字零的用法。数字零于公元 10 世纪才传入西班牙，但教会认为这种新的计算方法是邪恶的魔法，令其束之高阁。两个世纪之后，意大利人斐波那契在他的著作《计算之书》中进一步发展了源自印度的阿拉伯代数，但这些观点并没有很快被接受，直到 15 世纪数字零才被广泛接受。16 世纪和 17 世纪研究前哥伦布时期文明的学者了解到中美洲人在 2000 年前就将数字零用于计算，一定会备感惊讶。

没有什么比狂热的传教士迭戈·德·兰达在 1562 年下令摧毁所有与玛雅人崇拜有关的符号、偶像，尤其是各类记录此类崇拜和祭祀的手稿文件更加令人扼腕叹息的了。他曾写道："他们还使用这些字符或字母，在书中记录他们的古代事物和科学。通过这些内容，图形以及符号，他们可以了解并理解那些事物。我们发现了大量这类文字书籍，因为都是迷信和恶魔的谎言，所以将其全部烧毁……"

经此野蛮行径之后，玛雅文化仅保存下来三部法典，很多前哥伦布时期的想法和观点都在这场所谓荡涤心灵的大火中消失殆尽。否则，那些珍贵的文献必将有助于我们了解古老的中美洲民族的世界观。

著名的《波波尔·乌》成书于 16 世纪，作者可能是一位学习了西方语言的印第安人。这本书描述了人类的起源及世界周期性的创造和毁坏，它收集了古老的传说和神话，但是其中一部分可能是作者自己的编造。这本书除了有中美洲原始民族历史相关的细节，还描述了世界如何被创造、人类和神灵之间的关系，以及由此而来的宇宙起源。在其描述之中，神灵创造了世界，并在山谷间创造了动物，将其困住，进而使其自相残杀。随后，神灵还以一对双胞胎英雄（中美洲人神圣的双数）创造了人类家庭，他们战胜了诸多反对他们的神灵，逐渐建立了整个部落。

最古老的中美洲居民已经从天文学的角度认识了星球，每个星球以及星球之间的关系都被赋予了神话色彩。他们日复一日，年复一年地观察苍穹变化的规律。但是，他们居住地的地理纬度在北回归线和赤道之间，导致四季并不如较高纬度区域那么分明，一年之中的白昼长短变化也不多，气候则以旱季和雨季区分，而不是冷热变化。也许正因如此，他们最初的宗教神话日历只有260天。这个日历无疑在随后演变成了365天，更接近天文学中的年份长度。比如墨西哥人，他们曾经使用过两种日历，有一年365天的阿兹特克太阳历（玛雅人称为 Haab，一年有18个月，每个月有20天，加上5天作为补充），也有更古老的一年260天的阿兹特克神圣历（玛雅人称为 Tzolkin，一年有13个月，每个月有20天，大约9个月亮盈缺的周期），他们利用魔法数字13（光）和20（满月），将太阳、月亮和耀眼的天狼星的位置奇怪地组合在一起。两种日历之间的交替周期是52年，这个周期被称为 Xiuhmollpilli。

玛雅人对宇宙的认识早在公元后第一个千年就形成了，他们认为宇宙由三层叠加而成：第一层天空，又被分割成三层（太阳、月亮和金星）；第二层大地是一片巨型的平原，悬浮于水面之上，并由一个形似鳄鱼的怪物托举；第三层的地狱又分为九层。银河则是维系天空、大地和地狱之间的纽带。

IV 古典希腊

▶▷ 赫西俄德的《神谱》

大约距今 27 世纪之前，古希腊诗人赫西俄德写了一部神话作品，详细描述了奥林匹克诸神的家谱，并捎带阐述了他对地球、地球的起源以及其他已知宇宙的看法。

令人称奇的是，作为经典中的经典，这部《神谱》的故事起点竟然是一种绝对的虚无，关于这种虚无，现代物理学家称在大爆炸发生的时候就存在了。赫西俄德提到一种原始的"深渊"或者"混沌"，后来的一切都源于此。从混沌中诞生了盖亚（大地女神）、厄洛斯（爱神）、塔尔塔罗斯（地狱之神），以及黑暗兄妹厄瑞玻斯（黑暗神）和尼克斯（黑夜女神），还有赫莫拉（白昼之神）和埃忒耳（太空之神）。盖亚创造了天空之神乌剌诺斯，乌剌诺斯作为万物的支撑，环绕世界，并用星星覆盖其上。

赫西俄德写的这个精彩的神话故事听起来就是作者天马行空的想象，但却因为其毫无矫饰而出奇地被古希腊和古罗马的人们所接受，并产生了不同版本。

有趣的是，作为众神之神的宙斯，在赫西俄德神谱中最初并没有占据首要位置；宙斯是瑞亚和克洛诺斯的儿子，而瑞亚和克洛诺斯是盖亚和乌剌诺斯所生的十二位提坦巨神中的两位。克洛诺斯梦见他的一个儿子将废其王位，因此瑞亚每生下一个孩子克洛诺斯就将其吞入腹中，先后吞下五个孩子。但是，瑞亚藏起了第六个孩子宙斯，长大后的宙斯打败了他的父亲，并从父亲的腹中救出了他的兄弟姐妹们。

擎天神阿特拉斯用双肩支撑苍穹的神话故事也很神奇；从这个角度来看，很明显古希腊人认为天空和地面之间的距离不应该很远，因为赫拉克勒斯著名的十二项任务之一便是让阿特拉斯帮他在赫斯珀里得斯的果园中寻找金苹果，作为答谢，赫拉克勒斯答应将其所在地的一座高峰升起，替阿特拉斯支撑其肩上的苍穹。

作为宇宙起源说，古希腊罗马神话显得有点苍白。但是在赫西俄德（及其同时代的荷马，他的作品中诸神和英雄都以人类的外貌呈现）之后，又有各个时代的智者，补充完整了一个真实的又极复杂的宇宙起源说，并且竟然还在几个世纪之后被三大宗教所接受。

▶▷ 泰勒斯和阿那克西曼德

然而在如今的土耳其安纳托利亚，曾经零星出现过一些思想家，我们可以称之为理性主义者，他们严格地从观察和理论的角度出发来认识宇宙的起源和结构，完全遵从自然规律，不受神的影响，很显然，他们摒弃了在当时极为流行的赫西俄德和荷马的神话故事。

米利都的泰勒斯（公元前 624—前 547 年）和阿那克西曼德

（公元前 610—前 547 年）也许是最早基于观察、测量逐步获取数据，进而准确叙述地理和宇宙理论的学者，完全没有依赖神话。因为泰勒斯没有留下书面的资料，他的一些想法都是其弟子广为传播开的。尽管如此，泰勒斯依然被认为是最早开始进行科学推演的学者。但是，他的演绎思维使得他在几何学和天文学方面有了极大的成就；被全世界学生所知晓的两大著名定理就是以泰勒斯命名的。泰勒斯的弟子阿那克西曼德著有《论自然》一书，他的主要成就包括第一张世界地图，通过他发明的日晷计算冬至和春分，计算得出一些恒星的大小和到地球的距离，并将地球描述为一个圆柱体，占据了宇宙的中心。

对于泰勒斯而言，大地是一块平整的圆盘，悬浮于水面之上，水是世界的基本组成部分，被锁在一个巨大的气球之内，气球的外面就是天空穹顶，以及天上的星球。星球的移动是水之流动的自然结果；毫无疑问，这个观点的一大进步在于终于摆脱了认为超自然的神是导致天体移动这一想法。

而阿那克西曼德，他认为宇宙的起源是无限，一种不同于水和其他元素的物质。从无限之中产生了后来的天空，天空是一个球体，球体中心是一个自由悬浮的圆柱体世界，因为从这个圆柱体世界到其他地方的距离均等，所以不会掉落。他认为太阳是一个有出口的球体，从这个出口向外喷射火焰；太阳是最远的天体。最近的天体则是月球和其他繁星。

关于地球是无须支撑、自由悬浮的这一观点的贡献是革命性的，尽管它无法解释为什么地球是这样的状态。事实上，直到牛顿出现人们才真正理解其原理。

　　泰勒斯和阿那克西曼德是最早的历史怀疑论者吗？可能并不是；按说，巴比伦的智者——我们今天称为批评家——也对反复无常的诸神系统的前后矛盾产生过怀疑。诸神将人类的命运和自然元素玩弄于股掌之间，却没有留下任何记录。相反，古希腊在这个领域的讨论尽管限于少数人之间，但是非常丰富。这个争论最终在公元2世纪由克劳迪奥·托勒密以及后来的天主教所终结。托勒密和天主教都支持同一种宇宙起源说的观点，认为地球是宇宙中心，地心说作为官方学说一直存在至文艺复兴时期。

　　最古老的天文记录之一是著名的阿米萨杜卡金星泥板，这一文物出土于尼尼微古城，可追溯到公元前17世纪。这个金星泥板是最早记录金星观测数据的，这些数据非常精确，而且源于21年不间断的观察。这可是在3700年前啊！准确地说，是阿米萨杜卡国王在位期间（公元前1646—前1626年），他是巴比伦第一王朝的第十位国王，也是著名的汉谟拉比国王的第四代子孙。很难想象几乎4000年前那些耐心的天文观测者们能够保持中立，也正因中立，他们对天空的一切都持怀疑态度。当然，他们应该没有表达出任何对宗教的怀疑，因为那个时候是不允许对宗教产生怀疑的。

▶▷　科洛封的色诺芬尼

　　安纳托利亚岛上的科洛封位于米利都、伊兹密尔和以弗所之间，在那里曾有一位古希腊人公开表达过对世界神圣起源的反对。

泰勒斯和阿那克西曼德的态度都更暧昧，事实上，阿那克西曼德甚至不反对将万物起源的"无限"简单地等同于神圣。但是，色诺芬尼（公元前570—前475年）很轻易就推翻了赫西俄德《神谱》中那些超自然的观点，他甚至还嘲笑了《荷马史诗》中的英雄如此不假思索就接受了诸神的任性妄为，对于《神谱》中描述的诸多事件背后的自然原因也没有深究。色诺芬尼对于把一切自然现象都归因于神灵持有很强的批判态度，他认为人类被这种神灵的观点禁锢，以至于不能基于观察和反思来理解现象背后可能存在的自然法则。

在遥远的意大利，那不勒斯南部的城市埃利亚——如今称为韦利亚——诞生了埃利亚学派，其思想家是色诺芬尼的追随者，也具有怀疑精神。埃利亚的巴门尼德（公元前530—前470年）建立了埃利亚学派，并认为"存在"是永恒不变而且无限的，这种观点显然超出了当时人类的知识范畴，但是已经不再借助诸神之争来解释周围的自然现象了。巴门尼德的学生埃利亚的芝诺（公元前490—前430年）延续了他的思路，且更精辟并富有想象力。芝诺因提出纯逻辑思维的悖论而一举成名，他最终得以证实事物不同于其表象，比如飞矢不动是因为不完美的感官欺骗了我们，而非诸神。由此，芝诺认为我们需要借助逻辑和反思作为认知的必要手段，而不是借助实验，因为实验中我们的感官是不真实的。

如今，科学的方法论包括两个核心：理论反思，以及观察和实验证据。当然，我们的感官也借助无数的工具和在那个时代无法想象的器械而得以完善。

▶▷　毕达哥拉斯学派

第一次的理性主义运动中的另一个代表人物是毕达哥拉斯（公元前 582—前 497 年），更好的说法是 2500 年前的毕达哥拉斯学派的成员们，他们在意大利克罗托纳——位于意大利南部，与希腊岛隔海相望——形成了一个隐秘组织，专注于哲学和数学猜想（也有人说毕达哥拉斯根本不存在，是空想家们杜撰的）。毕达哥拉斯的影响深远，以至于柏拉图和亚里士多德不加疑虑地接受了他关于宇宙起源的观点。也许是深感毕达哥拉斯思想的魅力所在，他们得以广泛传播其理论，认为数字作为神奇的实体，能够完美地解释自然物质，从音乐到几何，既然如此，宇宙又何尝不能用数字来解释。因此，他们认为自己可以计算出星球运动的轨道，星球在其轨道上运动产生一种特殊的韵律，而这种韵律只有类似星球与之感应。

将数字的神秘和科学的推理结合在一起是奇妙的，这使毕达哥拉斯学派的成员得以推断出星球的运行轨道是圆形，其运行轨迹的顺序如下：太阳、月亮、水星、金星、火星、木星和土星。这个观点盛行于他们之后的 2000 年，直到开普勒发现了行星运行轨道是椭圆形。

毕达哥拉斯学派中一位著名的学者巴门尼德（公元前 514—前 450 年）[1]推断地球是一个球体，位于大千世界的中心，围绕地

---

[1]　对于巴门尼德，原作者提供了不同的生卒年份。——译者注

球的是一个有限的宇宙，由不同的球形外层组成，这些外层上运行着各个星球；而宇宙有一个坚硬的外壳，上面固定着星星。另一位毕达哥拉斯学派的学者菲洛劳斯（公元前450—前400年），他的模型中宇宙最初是一团火，因为一场突如其来的风暴，火的一部分留在宇宙中心，另一部分留在周围。所有的星球都围绕中心的这团火旋转，包括高度集中了炫目光芒的星球——太阳。天上的繁星则是外侧火焰可以触及的小孔。更远处则是无限。星球都有其反面（有点类似玛雅人算术的对偶理论）；如果我们没有看到反地球，是因为它在地球正相反的另一端……很遗憾，菲洛劳斯没有意识到太阳就是那团位于中心的火；若非如此，地心说也不会在接下来的2000年间盛行。

一位跟菲洛劳斯同时期，但并非毕达哥拉斯学派的学者，克拉佐曼内的阿那克萨哥拉（公元前500—前429年）发现了月亮的光是反射而来，而非自己发光；这使他得以解释什么是月食，以及不同的月相变化的原因。几个世纪之前的美索不达米亚人尽管可以预测月食，但是却无法解释其原理。然而，关于宇宙的起源，他却走到了其他的路径上；他认为宇宙之初是一团稳定不动而且无限的均匀物质，所有的一切都连在一起，直到内部的一场飓风，将这团物质分成两块：微小而温暖的以太；密集而黑暗的空气。以太占据了整个宇宙空间，而空气则受限于较低的位置。接下来，空气分解成为水、土地、岩石和云；最沉的部分形成了一块平整的土地。在这场造就了地球的飓风之中，被吹出天际的散发强光的岩石就是太阳和星星。

尽管阿那克萨哥拉的学生中有许多伟人，从伯里克利或者修昔底德到欧里庇得斯、德谟克利特，以及苏格拉底本人，他的论点也依然被认为是不明智的，因此他为了逃离宗教审判——宗教裁判所 2000 年后才出现，但是其审判流程当时就已经存在了——不得不在伯里克利的帮助下逃离了雅典。宇宙起源说之所以能够流传下来，除了作者的天马行空，平民的听之信之，还有官僚当局和宗教权威的强力推行，因为他们从中可以获得利益。不仅当时如此，将来也不会有所改变。

▶▷ 苏格拉底，柏拉图和亚里士多德

公元前 5 世纪到 4 世纪的时候，雅典是世界智慧之都，这一荣耀要特别归功于三位伟大的哲学家，其中两位雅典人是苏格拉底（公元前 470—前 399 年）和柏拉图（公元前 427—前 347 年）；另一位是斯塔基拉的亚里士多德（公元前 384—前 322 年）——斯塔基拉是希腊北部的城市，靠近塞萨洛尼基。

和辩士学派的思路近似，苏格拉底的反思主要集中在与伦理和政治有关的问题上面，此外还包括和语言、法律与社会道德相关的问题。他对宇宙学的兴趣相对要少得多。至于柏拉图，尽管他是一个比苏格拉底更为系统的思想家，涉猎更多的话题，但是他的出发点与色诺芬尼和芝诺相同，也认为"所见即所得"有一个致命的缺陷：永远不能反映事实，因为事实在肉眼可见的范围之外。而这个所谓的事实，在最好的情况下，也只能通过逻辑和反思而获悉。

在柏拉图《对话录》中的《蒂迈欧篇》里，作者阐述了他对于人体和医学的观点，与宇宙论相辅相成。他赋予几何理论一些完美特征，而我们因为感官能力所限，只能感知，却无法观察，比如说，球体或者规则的凸多面体。

亚里士多德虽然是柏拉图的学生，但是思考过程却不尽相同；尽管他没有明确放弃推演思维，却更脚踏实地。亚里士多德是一位清醒的观察者，坚持研究前人的知识，对他而言，实验虽然不及纯反思的地位，但也被赋予存在的权力。从亚里士多德开始，除了哲学、逻辑、政治或伦理等方面，人类在单纯的自然历史（动物学、植物学、解剖学、气象学和宇宙学）方面的知识也有了显著的进步。

柏拉图在《蒂迈欧篇》中描述了宇宙的起源、物质的结构，以及人性的本质。宇宙是创世神所创造（创世神本身不是一个神，而是高等实体，类似一位大师、一位建筑师，或者一位工匠），这个想法后来被共济会采纳，认为创世神是宇宙的伟大建筑师。创世神整理出两个完美"想法"：不规则的物质和混沌。有趣的是，柏拉图坚持认为不需要解释这两个想法的来源：它们可以自证。在如今，任何事情都需要科学家的论证，因为在科学问题上，没有什么是可以自证的。

因为有了球体的存在，柏拉图的宇宙展现出了完美的规律性。圆形的地球位于同样是圆形的宇宙中心。地心说这一观点维持了2000年，而宗教裁判所誓死对其进行捍卫（但他们知道这是古希腊人所提出的观点吗？）。相反，柏拉图提出的时间诞生的理论却十分有价值：客观世界和时间是同时产生的，因为如果没有物质或者没有运动，那么也就不存在时间。

亚里士多德认为，宇宙包括两个元素：天体，大小相同，按照一个完美的规律运动；地球，以及地球上存在的一切。地球，存在于"月亮以下"，由著名的四大元素组成：土、水、气、火；土在最下层，然后依次是水、气和火。如果四种元素的某一种离开自己的位置，那它一定还会回到原来的位置，这是"自然运动"。亚里士多德沿用了柏拉图关于球体的思路，甚至还计算出地球圆周长 72000 千米（大约是实际长度的 2 倍），并坚信，地球相比宇宙是非常渺小的。亚里士多德认为星球不是由火组成的，而是由第五种元素组成，类似阿那克萨哥拉说的以太。

总结起来，亚里士多德的宇宙模型中圆形的地球位于中央，并且静止不动，围绕地球有水、气、火三个球体，更远处还有月球。地球是不纯净的，可腐坏的；或者说，变化的。天体是完美的，一成不变的，包括太阳、五个已知的行星，以及固定不动的星体。这个模型直到文艺复兴时期都被各种文化所接受。

这套宇宙起源说不涉及神灵，但是它以地心说和球体代表了原始的完美，而这一点被后来一神论的宇宙起源说所利用，孕育出宗教地心说的教条。

▶▷　几何天文学家

我们已经看到，泰勒斯、阿那克西曼德和毕达哥拉斯学派的成员们的假设虽然在今天看来不算科学，但是已经完全或者部分摒弃了神灵或者超自然力量的介入。

柏拉图和亚里士多德在定义球体和五个凸多面体的完美时应用了几何学。正是几何学以及行星轨道算法方面的进步，令人们知道许多前人那些纯理论或者哲学的想法是错误的。

这其中可能最早的一位数学家是毕达哥拉斯学派的另一位人物，尼多斯的欧多克索斯（公元前400—前347年），他想通过计算得出星球在圆形并且不规则的运动中的几何学数据，来验证人们的观察所得。这些计算的预测能力要远胜于之前基于美索不达米亚人的数学体系，且是后续的天文计算的基础。但是，从欧多克索斯所认为的宇宙中心——地球上观测，有些行星的运行轨迹很奇怪，它们有时会倒退。欧多克索斯利用一组近似的球体运动来解释这一现象，围绕行星周围的有一些球体，以这些球体为中心还有另一些球体在旋转运动；这一理论随后为阿波罗尼奥斯的本轮所完善。关于本轮，我们稍后会讲到。

蓬杜斯的赫拉克利德斯（公元前390—前312年）研究出更复杂的理论：混合体系中所有星球都围绕地球旋转，但是水星和金星一直围绕太阳旋转。另一个革命性的想法是地球并非静止不动，而是每24小时围绕自身旋转一周。这一成就很快就被遗忘，因为它否定了当时普遍流行的宗教或是非宗教的论点。

佩尔加的阿波罗尼奥斯（公元前262—前180年）通过描绘出那些倒退行星的奇怪运动轨迹而完善了欧多克索斯关于多球体的理论，他认为行星在一个小的圆形轨道（"本轮"）上运转，同时按照一个更大的圆形轨道（"均轮"）运转。这一观点被其后的天文学家所接受，直到文艺复兴时期的日心说；这一观点非常机智，却是基于纯粹的几何学。如果早知道所有的行星都围绕太阳旋转，那么理解天体的运动轨迹该有多么简单。

▶▷ 萨摩斯的阿里斯塔克斯，昔兰尼的埃拉托斯特尼，尼西亚的喜帕恰斯

这三位亚历山大的天文学家同时也是杰出的数学家。他们不同于前苏格拉底哲学家，对于宇宙在宗教或者哲学上的完美没有任何偏见。

萨摩斯的阿里斯塔克斯（公元前 310—前 230 年）是历史上第一个真正的日心说的维护者，而 2000 年之后的乔尔丹诺·布鲁诺为了日心说甚至付出了生命。我们看到毕达哥拉斯学派的成员已经有了一些类似日心说的想法，但纯粹是哲学方面的想法，而不是基于观察所得。

昔兰尼的埃拉托斯特尼（公元前 276—前 194 年）令人称叹地准确测算出了太阳和地球的距离，造成两个半球季节相反的地球轨道倾角，以及地球的直径，等等。埃拉托斯特尼是位出色的数学家，但也知道利用自己的观察能力，发明了一些辅助器械用以帮助自己更精确地测算，比如浑天仪。

最后，尼西亚的喜帕恰斯（公元前 190—前 120 年）是一位细心的天文观测者，他发明了经纬仪以及各种精确的角度仪，来

帮助自己观测。喜帕恰斯编制了一套完整的星表，根据亮度递减给恒星分类，这个系统至今还在使用。他仅凭肉眼就识别出了1080颗恒星——这个数字令人惊讶，大约是我们不借助任何器械仅凭好视力可以观测的全部恒星——并在椭圆坐标中指出了它们的不同位置。喜帕恰斯还对恒星年和回归年进行了区分，创建了经度和纬度的概念，发明了三角学……

公元前后一世纪的其他天文学家，例如欧多克索斯、卡利普斯，尤其是罗德的格米纽斯，将前述天文学知识系统化，并联系到生活和农业活动。如此一来，"三伏天"（英语中是犬日）指夏天最热的时候，此时恰逢大犬座中最亮的天狼星在日出之际出现在东方地平线；如今，因为分点岁差[1]的缘故，日出时出现在东方地平线的不再是天狼星，而是小犬座的阿尔法星南河三，有人也称它为"小狗"。注意，大犬座和小犬座旁边就是天空中的猎人——猎户座。有趣的是大犬座和小犬座，连同其阿尔法星天狼星和南河三，也出现在另一个与"犬日"正好相反的俗语中：冻成狗。在1月冬至落日时分，天狼星和南河三出现在东方地平线上，到了午夜，就挂在天空正中央，清晰可见。

---

[1]　分点岁差是因为地轴像陀螺一样缓慢地旋转一圈需要25780年；正因如此，从地面看到的北方，并不是一直在同一个方位，而是逐渐在移动。这会导致日历逐渐产生误差，由此现行公历修正并取代了儒略历。同时也意味着十二宫星座逐渐往后退行（岁差），自古希腊以来历经2000多年，如今十二星座所在的位置均前移了一步（比如说，八月初所见到的不再是狮子座，而是巨蟹座）。顺便提一下，这也证明了占星术能够预测未来实属荒谬。

▶▷　克劳狄乌斯·托勒密

在罗马帝国的亚历山大港，克劳狄乌斯·托勒密（生于公元90—100 年，卒于公元 170 年）忽略了这些几何天文学家的革命性理论，重拾了亚里士多德正统。托勒密在其著名著作《占星四书》中，将不断变化的天文元素和与之互补的本地现象（太阳在日出或日落时的颜色，月亮的光晕，星星忽隐忽现的亮光……）联系起来，其目的是预测天气，甚至是占星占卜。

尽管如此，托勒密依然是一位举足轻重的科学家，他虽然维护了当时在希腊世界盛行的神谱，这些神谱后来流传至基督徒、阿拉伯人和犹太人的世界，但也采纳了当时已知的知识，并且还贡献了新的知识。他的主要著作《天文学大成》（阿拉伯文的名字是 Almagesto，在希腊语中可以翻译为"大成"）用十三卷阐述了地心说体系，春分和冬至的周期，一年的时长，月球的轨道及朔望月，太阳和月亮位置的视差，日食的预测，恒星和其相对固定的位置（从喜帕恰斯而来），以及根据阿波罗尼奥斯的本轮和均轮理论而计算出行星的运动轨迹。

尽管托勒密并不是独断论者，而是一位务实并且包容的思想家，但是他在解释宇宙起源时并没有自寻烦恼，理所当然地认为宇宙是神灵所创。然而，阿拉伯人和基督徒却利用托勒密的科学言论张牙舞爪地维护地心说，其实这一教条只不过是借口，解释为什么上帝之子只能在宇宙中心的地球转世，而不是任何其他地方。

V　中世纪的蒙昧主义

▶▷　罗马和教会

前文讲到一神论的神谱不能接受地心说之外的其他观点。在欧洲和小亚细亚社会中宗教力量如此强大，以至于在十五个世纪内几乎没有人敢在宇宙起源和万物结构上提出异于宗教教义的观点，事实上，在所谓的宗教教义中也并没有涉及这两个命题。

罗马统治期间，其文学和技术的发展毫无疑问是令人印象深刻的，但希腊时期的科学并没有得以继续发展。相反，经过轻微的改编——将名字转换为拉丁文——希腊神话和宇宙起源说却被罗马人接受下来。罗马人对于数学和天文学也没有很大的兴趣，仅仅是为了管理民众而取其所需。相反，他们将主要精力投入到俗世中，比如农业、美食、商业、城市化，甚至工程，当然还有战争。

在整个西欧，罗马帝国虽然陨落了，但是却留给天主教会影响各个国家文化的能力，当然，这不包括希伯来和阿拉伯文化。

所以说，在超过十个世纪的漫长时间里，科学几乎没有半点发展；相反，教会权威对于理性知识的反对却是普遍现象。长此以往，了解宇宙的唯一可能性就是盲目接受基督教的宇宙起源说。

许多希腊思想家的理论都被遗忘了，直到多个世纪之后，考古学家和历史学家才恢复这些智者的绝大部分理论。

西方世界唯一的宇宙起源说准确来讲是源自《圣经》的第一卷《创世记》，后来却轻易地采纳异教徒的理论进行了"更新"，包括亚里士多德的观点，以及托勒密在《天文学大成》中的观点（《占星四书》中的天文学观点被取缔了）。

公元 476 年西罗马帝国的灭亡标志着中世纪的开始，而公元1453 年君士坦丁堡的陷落既代表东罗马帝国的灭亡，也标志着中世纪的结束。在整个中世纪期间，甚至更早的时候，教会都不允许传播更不允许发表与《圣经》内容相左的理论，违背的代价是被驱逐甚至被处死。教会为了让自己的这种禁令和其后始料未及的科学倒退撇清关系，总是将自己和社会变化的积极面结合起来（如公元 380 年颁布的塞萨洛尼基敕令中的宗教洗礼）。基督教的宇宙起源说可以总结如下：在宇宙万物中，上帝是一切的根源和中心，唯一而且主要的知识来源是《圣经》。因此，在唯一可能的真理面前，寻找科学真理就显得多余。

▶▷ 阿拉伯科学 VS. 中世纪科学

随着罗马帝国在公元 5 世纪的陨落，欧洲文明，尤其是对于我们周围环境的理性研究随之崩溃，直到十个世纪后才得以恢复。古希腊罗马的辉煌屈服于最粗鲁的信仰和行为，教会无所不在的力量和他们压抑的机构。比比皆是的猎巫——这意味着那些对巫师定罪的人，包括宗教裁判所在内，都认为他们真的存在——信仰审判和其他肮脏的仪式。对神秘力量的原始信仰，认为这种力量可以随心所欲地控制大自然和人类生命，这很明显是一种倒退。

对于自然环境的知识——在美索不达米亚和希腊的一些伟大的智者运用卓越的理性思维已经开始的对自然科学的探索——掌握在江湖骗子以及权力越来越大的基督教手中。所幸的是，罗马帝国陨落之后的几个世纪，经过亚历山大图书馆传播开来的知识被阿拉伯人逐渐保留了下来。阿拉伯人在传播这些知识时零星地融入了其他文化的内容，比如波斯或印度，甚至添加了自己新的想法和延伸，这一奇怪组合的知识最终间接回归了欧洲，其中一部分是通过残余的以拜占庭为核心的东罗马帝国，更主要是通过西班牙的阿拉伯居住区，再传播至意大利、法国，甚至斯堪的纳维亚半岛的国家。托莱多（有著名的翻译学院）和后来的科尔多瓦扮演了重要的角色。

中世纪的宇宙起源说沿用了托勒密的知识体系。比如说，那个时期最可敬的一部作品出自一位巴格达的阿拉伯作者肯迪（公元801—873年），他被誉为"阿拉伯的哲学家"，也是翻译和改编古代作品的专家。他虽然没有批判自己所处时代的宇宙起源说，但是他的确阐述古代关于四个基本元素的同心球体理论是不对的；比如说，水、空气和土地通过蒸发、冷凝和降水而混在一起。在他的著作中，主流宇宙起源说的"理论"基础被动摇，尽管如此，宗教教义已经把地心说变成自己的理论，对其而言，其他的推理或者后来文艺复兴时期的证明都毫无价值。

波斯物理学家海什木（公元 965—1039 年）不仅发明了光强度的概念，而且分析了光的反射和折射。古人认为是眼睛发出的光，但是海什木认为恰恰相反，并且证明了光是来自发光体，包括星球。他将空间中物质的吸引力归因于一种未知的力量，如今我们称之为引力。由此推断出，地球位于中心，其他天体在外围的宇宙起源说有点站不住脚。

阿拉伯人在欧洲最黑暗的中世纪期间传播的知识延续至公元 7 世纪始伊斯兰教的兴起。伊斯兰教是一神论宗教，最初发源在古老的美索不达米亚，后来发展至非洲北部。伊斯兰教不仅认为记录着天使加百列在公元 610—632 年给先知穆罕默德的传信内容的《古兰经》是神（在阿拉伯语中被称为安拉）对人类启示的典籍，而且也认可作为犹太教经典的记录上帝给先知摩西传信内容的《妥拉》，给大卫王传信内容的《撒母耳记》，以及给耶稣（对于穆斯林而言是先知以赛亚）传信内容的《福音书》。因此，伊斯兰教被认为是基督教和犹太教的表亲。

尽管三大一神论宗教有着共同的起源，但在中世纪时期，除了基督教和犹太教之间的矛盾，基督教和穆斯林之间的斗争也像病毒一样蔓延开来，它们是不可能共存的。有趣的是那些很血腥的斗争往往发生在具有诸多相通点的宗教之间——这点至今也没有改变——耶路撒冷无论过去还是现在都是基督教徒、穆斯林和犹太教徒的圣地。在这个背景下，名为解放异教徒撒拉逊人所占圣地的十字军东征就显得很无稽。

无论如何，一神论的宇宙起源说的根本是天主教会对于上帝中心论的坚定立场，这一点被宗教裁判所强硬地监督和捍卫，而犹太教和伊斯兰教也大致秉持同样的立场。

▶▷ 地心说的主导优势

如果上帝是一切的中心，那么地球作为上帝之子为人类受难的地方则不能是随便什么地方，而必须是宇宙的中心。

地心说在古希腊时期仅仅是一种纯理论，却在中世纪转变为天主教会的基本教义，因此，也同样是另外两个一神论宗教的教义。这股反科学的狂热在罗马帝国晚期就初现端倪，君士坦丁大帝在公元313年颁布米兰敕令，将基督教合法化，并在其于公元325年召开的第一次尼西亚大公会议中赋予了基督教最大限度的合法权利。事实上，君士坦丁大帝也在晚年受洗。之前遭受迫害的基督教自此成为社会主流势力。就这样，在公元390年，狄奥多西一世统治时期晚期，基督徒烧毁了亚历山大图书馆，因为它是一些古代异教知识的摇篮。在公元415年，狂热基督教徒又谋杀了亚历山大港的数学家希帕提娅（公元370—415年）。中世纪的蒙昧主义在到来之始就已经对外宣告了其游戏规则。

有趣的是，除了作为上帝中心论结论之一的地心说是不可动摇的，古人的其他知识都被教会权威顺理成章地接受下来，并集中在一些修道院之中。基督教义既没有反对地球是球形或是平面的观点，也没有质疑各个星球之间在一定天气条件下的位置关系。古人计算的地球体积并不是很准确，即便如此，也被接受下来，以至于 15 世纪末哥伦布据此开始寻找东方的航行时，才发现地球比古人计算的结果还要小。

塞维利亚的圣伊西多禄（公元 560—636 年）将教会可接受的古人有关宇宙起源的知识收录于著作《词源》的第三卷之中（这本著作共二十卷），也许这是最好的方式来固化这些知识。圣伊西多禄也是依据不可动摇的地心说，阐述地球是球形，太阳由火构成，而且比地球和月球要大很多。此外，他还描述了各个行星的运动和位置，黄道，甚至恒星。圣伊西多禄将天文学和占星术予以区分，他认为天文学毫无疑问是科学，但是占星术是邪教迷信。

神创造的地球位于宇宙中心，静止不变，这是中世纪基督教义的基本内容之一，也是基督教宇宙起源说的核心，这一观点直到不久前还被认可。到如今，包括教会在内的世人都知道，地球不过是围绕太阳公转的一颗行星。

真的所有人都知道吗？在美国辛辛那提（俄亥俄州）机场附近存在一个创世博物馆，每年接待数以十万计的游客参观。浏览一下它的网站就会发现奇怪的结果：在这个博物馆的展览中，地球才理所应当是宇宙中心；甚至在西班牙，一位航海和海军机械高等技术院校的教师维护的博客，[1] 看起来就像是年轻地球创造论和地心说的拥护者——他相信我们所生活的星球是六千年前由上帝创造的。这不禁令人怀疑，这位教师当初是如何获取科学专业文凭的！

---

[1]　creacinseisdas.blogspot.com.

▶▷　中世纪末的怀疑论者

在 14 世纪，宗教裁判所已经转变成为凌驾于教会权威之上的一种强大力量。因此，一神论宗教的一些宇宙起源概念依然根深蒂固——尤其是基督教，在宇宙起源的那些问题上总是不容他人质疑。但是，有些哲学和数学领域的思想家，已经开始在夹缝中与这股 1000 年前就建立起来的顽固势力斗争。这些早期的思想家中不得不提的包括英国人奥卡姆的威廉，以及法国人让·布里丹和尼克尔·奥里斯姆。

奥卡姆（1280—1349 年）曾是方济会的一位哲学家，他一生都在为贫穷人争取权利，与教廷不和，甚至不惜与教皇约翰二十二世辩论。除此之外，他还撰写了关于逻辑学和医学的若干著作。但其更为人所知的是他的箴言"奥卡姆剃刀"，在拉丁语中的写法是"Pluralitas non est ponenda sine necessitate"，即切勿浪费较多东西去做用较少的东西同样可以做好的事情。事实上，这个原则在古时候就被论证过了，但是奥卡姆频繁地使用令后人以为这就是他提出来的。这个箴言在于表明剃刀的两边，一边锋利，吹发可断；另一边则恰好相反。思考应该使用哪一侧是没有意义的，因为显而易见的答案可以轻易胜出。

"奥卡姆剃刀"带我们认识了一个很明显的结论：在同等条件下，最简单的解释几乎可以锁定答案。那么，为什么"奥卡姆剃刀"对于宇宙学的观点而言很重要？就如教皇开除自己的卫队长，除了因为他不甘清贫之外，还有其他原因。顺便说一下，奥卡姆的所为让其被控诉为异教徒。也就是说，这可能会打开关于教义戒令的反思。比如说，宇宙起源需要一个造物主；但也许世界并不需要这位造物主，仅仅因为他无法解决谁创造了造物主这个问题。当然，奥卡姆并没有胆大妄为至此，但他为革命者以及异教徒开启了通往解决问题路径的大门。

奥卡姆的学生之一法国人让·布里丹（1300—1358年）是受欧洲怀疑主义影响，甚至受更危险的宗教怀疑主义影响的主要人物之一。事实上，他的逻辑学著作很明显地支持因果原理，并解释了惯性的概念，三个世纪之后出生的牛顿就是因为惯性定理而闻名于世。如果说我们因为剃刀箴言认识奥卡姆，那么布里丹就将因其关于驴的轶闻而流传千古。布里丹认为，自由意志的支持者可以通过理性做出决定。他讲述了一个驴的故事，它因为无法在两垛一模一样的干草堆之间做出选择而最终饿死。其实任何一垛干草都可以将这头驴从饥饿中解救出来，但因为这个选择意味着非理性的武断——很难在两个一模一样的东西之间做出选择，除非随机选择——这头驴最终没有吃其中任何一垛干草。如果当时布里丹能够将这个故事再延伸一下，就能够得出上帝的存在并不是基于任何客观的理性，因为其仅仅是一种信仰这一结论。当然，他没有这么做。

最后一位尼克尔·奥里斯姆（1323—1382年）不仅是一位哲学家，而且也是一位天文学家、经济学家、物理学家甚至是音乐学家。他是一位大主教，尽管如此，他的许多反思对于中世纪的革新来讲是基础，已经宣示了文艺复兴的来临。他在著作《天地通论》中从物理学的角度阐述了亚里士多德对天文学理解的错误之处，因为亚里士多德没有能够证明是天空在转，而不是地球自己在转。奥里斯姆提出了比两个世纪之后的乔尔丹诺·布鲁诺和哥白尼更有力的证据来支持地球的自转。但是，他没有单独写就这方面的著作，相关观点都湮没在他的其他哲学著作之中了。他着重攻击的是托勒密的天文学观点，甚至猜想宇宙中存在其他有人类居住的星球。在他的一些基本依据中基督教的神谱可能动摇了，但是奥里斯姆非常谨慎，总是避免与宗教裁判所的论战；事实上，他曾是非常有名的大主教，受到法国国王的保护。尽管他支持了地球是运动的观点，但实际上，他的宗教信仰要求他不得不承认地球是静止不动的，因为宗教信仰高于理性思维。可是，他真的相信吗？

▶▷ 中世纪的蒙昧主义开始启蒙

在布里丹和奥里斯姆之后，多个不同的天文学家和数学家开始破坏宗教所建立的宇宙起源说，因其受到宗教裁判所酷刑的维护而看似固若金汤。

德国人库萨的尼古拉（1401—1464 年）也许是第一位从哲学角度质疑基督教关于宇宙起源的教义的人，他怀疑是否存在一个完美的、呈球体的并且有限的宇宙。在他的著作《有知识的无知》中，他确信地球的边界是有限的，而且不是完美的球体。地球跟其他行星一样在运动，但并不一定是宇宙的中心。换句话说，亚里士多德和经院哲学派都错了；对于基督教的宇宙起源来说，这完全是一个定时炸弹。

库萨的尼古拉至少表面上是一位显赫的神学家，在他 47 岁的时候被任命为枢机主教，在 58 岁的时候，被教皇庇护二世任命为枢机团总务和副主教。尼古拉作为天主教内具有显赫地位的权威人士，其不合时宜的言论是如何躲过宗教裁判所的天罗地网的？也许他在教堂的职务，以及他深厚的神学知识给予他极高的可信性；除此以外，他的批判言论总是针对亚里士多德和其异端邪说，对上帝至高无上的智慧却是极力维护，这令人们无须理解上帝的智慧，也能面对他所称的"对立的一致"。换言之，当神之无限的权力逾越那些渺小人类看来是显而易见的现实矛盾时，即是两个相反论据的统一。

尼古拉是一位极具魅力的人物，但是……他真的相信他所提出的理论吗？

虽然尼古拉最早从哲学角度开始质疑基督教的宇宙起源说，但是，让反对地心说的论据越来越难以驳斥的两位天文学家是托斯卡内利和范·派尔巴赫。他们提出的论据包括了他们仔细观察得来的有力数据。

佛罗伦萨的保罗·达尔·波佐·托斯卡内利（1397—1482 年）是医生、数学家、天文学家和地理学家，他和库萨的尼古拉是朋友，他为从欧洲向西航行可以到达印度提供了理论基础。他从没有参与过对前人宇宙起源说的攻击，但是却记录有关五颗彗星的轨道，这是他通过仔细观察得到的结果，其中就包括 1456 年有过记录的著名的哈雷彗星。基于他的数据，文艺复兴时期的天文学家能够研究出新的理论。

至于奥地利的乔治·范·派尔巴赫（1423—1461 年），是一位数学家和天文学家。因为他的观测结果显示太阳是宇宙的中心，所以他的确曾经间接批评和攻击过地心说。尽管如此，他却是托勒密《天文学大成》的追随者，他想将这本著作从希腊语原文翻译为拉丁文，但在其中引入一些反对地心说的评论。他的个人著作《关于行星的新理论》在他去世后被编辑出版，成为接下来几个世纪被专家参考最多的一部书籍。

一套宇宙起源的模型通过真实的观察和可证明的计算可以经受考验，这是宗教权威绝不能容忍的——毕竟宇宙起源是基于信仰的。此外，宗教权威也不能在科学上支持新的宇宙起源说，因为其相关知识都是暂时性的：当智者纠错，或者完善其数据，甚至发布新的更好证明的理论时，那么原本"众人确信"的理论就会动摇，甚至被新的，或者说新的暂时性的理论所代替。如果信仰的教义是基于类似的，从定义上来讲永不可能是绝对的科学知识，则毫无疑问其生命周期会很短，且取决于其所处时代的知识水平。

而将新知识的论据稍加修改，然后嵌入宗教教义之中，这却可以是一条有趣的途径。泰亚尔·德·夏尔丹对进化论就采用了此方法。进化论是关于人类进化的，这和《圣经》中与造物有关的教义背道而驰。库萨的尼古拉在维护日心说并让其走向正统的时候也采用了此方法，其论据比较复杂，他说我们人类发现的教义中的矛盾之处并非真的矛盾，也不是骗人的，因为我们人类不如至高无上的上帝，所以自认为发现了矛盾——但其实不是矛盾——恰是最好的证明。当然，库萨的尼古拉是教会的枢机主教，而泰亚尔是耶稣会士，先是被驱除出教会，后来尽管没有声张，但是教会还是同意其重返学术工作。

16—17世纪之间文艺复兴时期的另一些人物，比如哥白尼、乔尔丹诺·布鲁诺和伽利略，因为是教会之外的人士，自然就受到教会处以的极刑，因为宗教教义永远高于真实。

第二部分

宇宙学诞生

VI 宇宙起源说与宇宙学

宇宙起源说和宇宙学这两个词非常相似，我们区别两个词的方式有些武断。而语言学家非常清楚，有些词汇最初几乎无法区别，但其含义在语言进化的过程中是变化的。

最引人注目的一个例子是占星术和天文学，它们的字面意思一样："有关星球的规律、法则和解释说明。"但如今没有人会混淆这两个词汇，因为其含义从根本上就不同。占星术相信天空中星体之间的相对位置是永恒不变的，不论是过去、现在还是将来。而天文学是对星体的科学研究，包括其组成、运动、起源和演化。如同其他的科学一样，一旦发现并验证了主导星体演化的自然法则，在一定条件下我们就可能进行准确的预测，这种预测的过程不是通过魔法或者神话的方法来占卜，而是基于发现并经过验证的自然法则。比如说，天文学了解天体升起和落下的时间，可以较为准确地预知未来日食的发生以及诸多宇宙事件。但是，天文学也像其他科学一样具有它的局限性。

而显然信仰，具体说是宗教，一般没有科学那样的局限性；宗教的教义是绝对的、永恒的、不可动摇的，而且依赖于宗教信徒的信仰。

好吧，这就是各种宇宙起源说——我们在前一章已经看到宇宙起源说有很多版本——和宇宙学之间的区别。各种宇宙起源说是已经确立而且一成不变的信仰；比如说，基督教的宇宙起源说以一种尖锐的方式解释宇宙的存在："起初，上帝创造了天与地"（创世记1，1）。这意味着，对于基督教的信徒，以及更普遍的三大一神论宗教——伊斯兰教、犹太教和基督教——的信徒而言，上帝是世界万物的造物主，无论看得见的还是看不见的，物质的还是精神的。另外一些宇宙起源说通过其他方式解释了世界的起源和演化；无论怎样，这些都不需要任何论证就可以被相信。

相反，宇宙学只有一种：它是从科学方法中衍生出来，应用于认知宇宙的学说。在希腊思想家的时代，科学方法是基于观测而进行合理的假设，而不是基于神话来解释天地间发生的事件。但是在文艺复兴初期，由于两个重要人物的存在——哥白尼和伽利略——科学方法才有了结晶。他们的工作深受拥有伟大心灵的先贤著作的启发，包括我们在上一章也了解过的中世纪末期一些哲学家和天文学家的作品。

▶ ▷ 一点语义

在复习开启宇宙学科学的重要人物的著作之前，先明确我们在谈论什么会更好。最好的办法是求助西班牙皇家语言学院。与解释宇宙起源说的情况不同，宇宙学的定义看起来更好："天文学的一部分，研究宇宙起源和演化的自然法则。"另外，已经被认为废弃的第二释义中，宇宙学指"对世界运转背后的普适规则的哲学认知"。无论怎样，宇宙学被视作天文学的一部分，即暗指是一种科学，而关于宇宙起源和演化的通用法则很清晰地排除了超自然力量的影响。推而广之，可以认为只有一种基于科学前提的宇宙学。

以防万一，可以再看一下皇家语言学院如何定义天文学概念的："有关星球的科学，主要是有关星球的运动。"那么没什么可说的。我们再来看一下星球的定义："充盈苍穹的数不清的众多天体之一。"这个定义既富有诗意又非常准确地对其进行了描述。至于说"数不清"，尽管是一种估计，但如今的科学有一套相对可以接受的关于宇宙体积和天体数量的理论；尽管如此，"数不清"这一定性的描述也可以说非常正确，因为宇宙天体数量之多几乎不能转化为具体的数字。

只有一个不太重要的争论：许多的专家和传播媒体倾向于使用首字母大写单词 Cosmos 和 Universo 分别表示大千世界和宇宙，大千世界只有一个，囊括所有星球的宇宙也只有一个。首字母小写的 universos 则跟事物的分组，或者用于特定工作目的的概念分组有关，没有更大的意义。比如说，当社会学调查问卷根据不同的分组来区分调查结果，分组可以是大于四十岁的人，或者退休人员，或者家庭主妇。至于首字母小写的 cosmos 可以指代奥特嘉[1]所称的环境；比如说一个幼童幻想跟看不见的朋友玩耍。但是，唯一的首字母大写的 Cosmos 囊括所有星球的起源、演化和终

---

[1] 何塞·奥特嘉·伊·加塞特（1883—1955 年），西班牙哲学家、评论家。——译者注

结；在某种形式上和唯一的首字母大写的 Universo 相似，后者是所有天文科学研究的物体集合，以及主导其行为的自然法则。

与此类似，在不同的行星周围存在许多"月球"（首字母小写的 lunas），但是围绕地球旋转的月球（首字母大写的 Luna）只有一个。当然，我们用首字母大写的 Tierra 将我们唯一而且不可复制的地球与工地上挖掘机挖动的泥土或者种植农作物的肥沃土壤（均为首字母小写的 tierra）进行区分。甚至还和火星或者月球表面的土进行区分，当宇宙飞船在火星或月球登陆时，我们没有用"amartiza"或者"aluniza"，而仅仅使用"aterriza"表示登陆，因为宇航员接触到了那些遥远星球表面上的土地。

关于宇宙学也存在另外一些定义，没那么学院派，而是由这方面的科学专家来完成的，它们出现在专业领域的很多著作之中，所以更"专业"。所有这些宇宙学的定义可以汇编如下："研究一切关于宇宙的科学，包括其来源、形态、体积、规律和组成宇宙的不同元素。"

也许在古典著作中宇宙学曾被提及，但其第一次在科学领域被使用是在距今较近的 18 世纪。德国哲学家、数学家克里斯蒂安·沃尔夫（1679—1754 年），起先推崇莱布尼茨和笛卡儿的著作，后来他于 1731 年完成了著作《普通宇宙学》。他在这部作品中没有太深入讨论是否需要造物之神来建立世界所有的秩序，而是证实了一些明显科学的规律，证明了基督教的宇宙起源概念中的许多错误。康德从这部作品中也受到启发。比如说，从 18 世纪初期开始人们就知道银河由成组的星星以螺旋排列的形式组成，仿佛一张破碎的磁盘子，其中间颜色厚重。而太阳不过就是银河之中的一颗恒星而已，相当普通（说太阳普通是从普遍性的角度来说，也就是说，属于数量最多的恒星这一类）。

在借助越来越精确的仪器进行天文观测过程中逐渐形成的许多新概念被沃尔夫汇编起来，而其他后来的哲学家，尤其是康德，慢慢接受了宇宙学的熏陶，因而反对或无视宇宙起源说的根基，他们认为宇宙起源说不再是理所当然的。

▶▷ 动摇不可挑战的宇宙起源说之路

促成中世纪蒙昧主义灭亡，并打破不可挑战的一神论宗教宇宙起源说的两个关键要素是：一方面上一章末尾我们谈及的部分阿拉伯和欧洲哲学家、数学家和天文学家的著作，以及他们的反思和观测，让宗教地心说教义开始遭到质疑；另一方面航海家开启的离开熟识的欧洲前往其他遥远区域的伟大旅行，打破了地球是平的、在宇宙中恒久不动的旧观念，也改变了宇宙不太大这一看法。

也许是威尼斯人马可·波罗（1254—1324年）开启了那些伟大的航海诗篇，帮助仍处于中世纪蒙昧主义时期的许多人打开了眼界。他那些在遥远东方的神话般的旅行故事——也许是幻想，至少一部分是——在很多个世纪都受到追捧。其后是为了开辟寻找香料和丝绸的新路径而驶向东方的旅行，这当然包括克里斯托弗·哥伦布，以及绕道非洲前往亚洲印度的葡萄牙航海家们。哥伦布在他的第一次航行中携带了马可·波罗记录到中国旅行见闻的书，而且做了细致的笔记。

我们从地理学和天文学角度对于世界认知的进步，背后的第三个因素是德国人约翰内斯·古腾堡（1398—1468 年）于 1440 年发明的印刷机，这令当时局限于修道院或者少数人群中的许多知识得到了传播。

在中世纪，从欧洲到亚洲要么一路历险经过地中海北部的陆地；要么穿过地中海直到近东，从那里再前往亚洲东部。因此，开辟新道路的航行才备受尊重。而奥斯曼帝国于 1453 年征服东罗马帝国首都君士坦丁堡之后达到鼎盛时代，其日渐扩张的堡垒使当时很多通商之旅变得更加艰难。这些通商之旅曾造就了大型城邦的崛起，比如威尼斯、佛罗伦萨和热那亚。从东方获取的商品变得异常昂贵。因此，很多统治者都支持探险家寻找前往亚洲的替代之路，以不再通过土耳其人手中的地中海东部。

哥伦布也是得到支持才最终计划向西航行，寻找替代当时已知的航线。在同一时期，葡萄牙航海家们尝试绕过非洲大陆南端向东航行。尽管在几个世纪前地球被认为是平的，但是这些航海家不以为然。他们认为，如果根据古人的计算，地球是圆的而且不是很大，为什么不能绕一圈到达另一端，或者从下面绕道而行呢？

当然，那些航行都是危险的。但是，当时已经会使用罗盘，也懂得建造大型船只——帆船，而且通过星盘可以在夜晚简单测量与北极星的角度，从而知道纬度。地理经度的未知是当时唯一的难题，因为那个年代的钟表是无法携带的，所以只能通过向东或向西一日的行程来进行粗略的估计。顺便提一下，将北方置于上方纯属惯例，最初的地图是按照我们所在的纬度绘制而成的。如果先得知阿根廷或者澳大利亚的存在，那地图的方位将完全调转。当然，这个假设很无稽：因为在浩瀚的宇宙中，没有上下，也没有左右。

VII 哥白尼

▶▷ 哥白尼革命

从宇宙起源说的信仰到真正的宇宙科学的转变是循序渐进的，如我们在前文所提及的，这个转变在中世纪末期曾有过反复。但是，波兰天文学家尼古拉斯·哥白尼（1473—1543 年）的著作标志了这个转变过程的不可逆转，因而通常被称为是哥白尼革命。托勒密提出的地心说被作为一神论宗教关于宇宙起源教义的基石，而哥白尼对科学史的贡献恰恰在于证明了地心说的谬误：地球并不是位于宇宙中心静止不动的星球，而不过是一颗围绕太阳旋转的行星，如太阳系的其他行星一样。

当然，日心说的概念绝非新奇；事实上，我们前文提到日心说在大约两千年前就已被希腊人萨摩斯的阿利斯塔克提出，尽管那个时候还未经过充分的数学验证，也未有观测结果佐证。古代和中世纪的一些思想家渐渐或多或少地采纳了相似的观点。

得益于中世纪晚期航海和地理学的发展，包括全新的更为精确的数学计算，以及测量星球位置的方式，天文观测有了长足的进步。随着数据的日益精确，地心说曾经的地位岌岌可危。

德国天文学家约翰·缪勒（1436—1476年）（别名雷格蒙塔努斯）对托勒密的作品进行过精确的翻译和改编，他指出托勒密著名的球体模型并不符合实际，也许错误的根源就在于托勒密认为地球位于宇宙的中心。缪勒的《〈天文学大成〉概论》于1496年得以发表，其中收录了许多新的数据和计算，尤其是月球的运动轨迹，与托勒密的结论大相径庭。

雷格蒙塔努斯从未宣称地心说已过时，但是如果他能够多活几年，那么他的研究工作也许会令他反对地心说。实际上，缪勒对《天文学大成》进行的大部分精修工作是对其所有原则的修改；缪勒没有意识到他提出的论据更多的是反对地心说，而非支持。

缪勒作品的众多细心读者之一正是年轻的哥白尼，当缪勒的作品于15世纪末期编辑出版时，哥白尼正值二十三岁。哥白尼是个奇特的人，对于学习知识近乎狂热，他的职业发展也非常繁杂：先在波兰学习数学，然后在意大利学习法律、医学和哲学，同一时期哥白尼出于爱好开始与其他天文学家合作。他二十六岁的时候在罗马获得了天文学和科学的文凭；随后，他在波兰被任命为法政牧师。他曾返回意大利获得教会法规博士学位，并担任过瓦尔米亚波兰教区的管理员一职。在此期间，他一边行医，一边进行多项天文学的研究工作。哥白尼曾试图将研究成果汇编成书，最终在1532年，他六十岁的时候完成此举。

▶▷ "有关《天体运行论》……"

《天体运行论》一书是哥白尼穷其一生的著作，是一部天文学的现代典籍，可惜哥白尼生前未见其编辑出版。此书直到他逝世后才问世，其拉丁文名称是《De revolutionibus orbium coelestium》（意为关于天体的演化）。在这部作品中，哥白尼一直都是在论述技术和数学层面的问题，而非从哲学层面对宇宙及其规律进行猜想。哥白尼逐个推翻托勒密曾努力维护的地心说各种假设，修改了这位亚历山大港的智者提出的行星几何的主要方面。托勒密的假设之所以在超过一千年的时间内被广泛接受，因为宗教中处于主导地位的地心说正是基于这些假设。哥白尼通过数学方法证明的结论与地心说恰好相左：太阳是中心，其他的行星都是围绕太阳运转。

作为一种认识宇宙的全新方式的基础，日心说摒弃了古代宇宙起源说的神话或宗教元素，向人们展示出地球并非宇宙的中心，而是围绕一颗恒星旋转，同时围绕地轴自转，24 小时为一个自转周期。人凭借理解能力就足以明白地球的起源和运行机制，无须借助任何神灵的元素。

以上就是真正的哥白尼革命，因此，我们可以认为基于神话和信仰的宇宙起源说向基于人类推理的宇宙学的转变发生于 1543年，这一年波兰天文学家哥白尼去世，也是他的著作问世之际。

奇怪的是，那个时候的教会权威并没有给日心说找很多的麻烦，尽管日心说与基于地心说的基督教神学背道而驰。卡普阿教区大主教冯·舍恩伯格是哥白尼的朋友，他曾经于1533年派他的秘书前往梵蒂冈给教宗克勉七世解释哥白尼全新的日心说理论，可以说，哥白尼被成功地引荐给教会高层。日心说引起了罗马教廷的兴趣，冯·舍恩伯格建议哥白尼将他的作品出版；但是哥白尼很谨慎，直到去世都没有交出原稿用以出版印刷，尽管如此，他还是因此获得了满场赞誉。

很明显，哥白尼清楚地意识到纵是革命派也没有人愿意接受日心说这样的宇宙观，因为它远离基督教当时的模式。几十年之后发生在乔尔丹诺·布鲁诺和伽利略身上的遭遇毫无疑问证明了哥白尼的明智。哥白尼的谨慎令人吃惊，出于安全考虑他甚至远离了他唯一的直系徒弟格戈·约雅斤·雷提卡斯（1514—1574年），因为雷提卡斯于1540年以自己的名义提前发表了哥白尼著作的部分内容，书名是《哥白尼革命性著作的初述》（*Narratio prima de libris revolutionum Copernici*）。这本书或许是经哥白尼授权的一种测试，但是测试结果并没有完全令其信服，因为他仍感觉自己身处险境。

最终哥白尼的一个朋友，神学家安德烈亚斯·奥西安德（1498—1552年），替他完成了作品的编辑工作。安德烈亚斯自作主张地摒弃了哥白尼最初的神学初衷：在这本书的引言中，哥白尼替自己在教会高层面前找好了退路，声明他对于行星运动做出的精确计算对于确定日历非常有用，而日历恰是教会所必需的。这个引言后来被替换为一个未署名的前言，看起来像是出自作者本人之手。前言宣称这部作品中描述的模型不是对真实宇宙的描绘，而仅仅是一种数学计算手段，用以简化行星运行轨迹的计算。

总而言之，纯计算的理论因此没有反驳宗教官方的、具有教义一般最高权威的宇宙起源说。

而无疑，哥白尼的论据也是非常伪善的：天文学的工作是利用数据，而不去质疑这些数据彰显出来背后原因的不合理性。很显然，哥白尼著作的前言中那些与宗教教义背道而驰的内容均被识别为"不合理"，因为宗教基于绝对的真理。

在某些方面，事实恰恰相反。

当然，奥西安德并不是一个疯狂的人：作为一位新教徒和编辑，很明显他明白哥白尼作品带来的危险；毫无疑问，他也害怕因为作品中极其严重的邪教内容被原教旨主义派指出从而立即引发暴怒。但是接下来几个世纪内哥白尼理论的拥戴者厌恶其作品的介绍；乔尔丹尼·布鲁诺甚至把奥西安德称为"无知又肆无忌惮的混蛋"。顺便提一下，开普勒于 1609 年声称正是奥西安德完成了哥白尼作品中没有署名的前言。

▶▷ 哥白尼眼中的宇宙

尽管哥白尼的著作足有六卷（日心说概观，球面天文学和星座表，太阳的视运动，月球的轨道运行以及另外详细解释太阳系的两卷），但我们可以将哥白尼的主要贡献总结为几个核心要点。

首先，哥白尼和古代先哲考虑得一致，都认为天体的运动可以被看作是统一的、永恒的且是圆形的，尽管有些天体的运动轨迹是组合而成的（就差说是因为相互引力的影响，一个世纪后

1643 年出生的牛顿提出了这一论点）。

第二点是极具革命性的，因为哥白尼展示出宇宙的中心非常靠近太阳，而不是地球。这意味着围绕太阳，由近及远排列的星球为水星、金星、地球（包括月球）、火星、木星和土星，它们各自公转一周的时间为 80 天、7 个月、一年、两年、十二年和三十年。哥白尼曾经想以地球运转圆周半径为单位（如今我们称为 UA，天文单位，大约 1.5 亿千米）推算出每个行星运转轨道相对于太阳的距离。但是因为缺乏精确的计量单位，哥白尼得到的结果只不过是勉强可以接受的以地球自身半径为单位推算的地球运转轨道半径：大约是 1200 个地球半径的距离，和托勒密一千年前的推算结果相近。哥白尼应该在意识到数据缺乏基础的时候就立即停止行星轨道半径的测算。

当然，更不要提当时尚未发现的天王星（18 世纪发现）、海王星（19 世纪发现）和冥王星（20 世纪发现）。

哥白尼在他的著作中处理的第三个重大问题是恒星。他认为恒星是遥远并固定在天球上的，换言之，它们不会围绕太阳运转。在这方面，哥白尼的一位狂热粉丝，英国天文学家托马斯·迪格斯（1546—1595 年）——他于 1572 年将哥白尼的著作翻译成了英文——认为遥远的恒星所在的位置远近不尽相同，并不是固定在天球外壳之上。尽管如此，正如哥白尼所说，相比太阳和它的行星之间的距离，其他恒星的距离是非常远的。顺便提一下，托马斯·迪格斯也被奥西安德的前言所激怒。

迪格斯也是首位提出黑夜悖论的科学家，该悖论如今则被称为奥伯斯悖论（尽管天文学家奥伯斯在比迪格斯晚许多的 1823 年才拟定了这一悖论）。迪格斯认为，如果在一个无限的宇宙中有无限多的恒星，就意味着所有恒星的光亮足以阻止黑夜的来临。然而，夜晚是黑暗的。这个明显的悖论直到三个半世纪之后的 20 世纪才揭开神秘面纱，现代宇宙学对此做了如下解释：如果宇宙的年龄是 138 亿岁，那么只有有限的恒星可以被我们发现，而它们的光亮也是有限的，且距离我们很远的恒星的光亮可能就无法到达地球；除此以外，宇宙在膨胀，距离我们最远的恒星会被进一步推远，我们能看到的它们的光亮就更微弱。

　　哥白尼的论述中的第四个要点跟地球的运转有关。在他看来，地球同时有三种运动：围绕连接地球两极的地轴每 24 小时旋转一周、围绕太阳每年公转一圈，以及地轴每年的倾斜。地球之外的行星有明显的逆向运动，例如火星某些日子看起来是向后移动，古代地心说的信徒们为此感到非常好奇，以至于不得不创造本轮的概念进行解释。而哥白尼则精确地用地球围绕太阳公转的同时还围绕地轴自转解释了这一天文现象。其实这是一个简单的地理问题，不同行星以太阳为中心的圆周运动因为半径不同，而形成相对位置的改变。

▶▷　在……的中心，或并非如此

　　实质上，哥白尼的著作意味着既然地球不是宇宙中心，那么人类作为上帝的子孙，也不再是造物的中心，而且，通过理性和智慧就可以得到这样的结论，并不需要借助任何神力。

　　一个立竿见影的结果是，如果我们把这个想法延伸至对于大自然的认知，就能够借助推理来了解自然法则，推理是基于观察和实验的，而非不同的神话或是每个文化自己的传统。在实验过程中我们的假设应该和大自然呈现给我们的现象进行对比验证。大自然对于所有人来说都是一样的；相反，神话和传统都是随着不同人类族群的文化和历史的演变而不断改变的，无论其起源是否带有宗教色彩。

　　这样看来，的确可以说我们面对的是主流思想的真正变革。也许在第一项如今我们称之为科学的有力实验之前，这是通向知识的唯一路径。公平地说，哥白尼在他的结论中也许仅仅考虑了日心说假设所依据的数学计算。但是很明显，哥白尼的工作启发了后续的思想家和实验者，尤其是伽利略，他建立了如今被我们称为科学研究方法的基础。

　　很明显，尽管有教廷的支持，哥白尼对于出版自己的研究成果依然存有疑虑。他知道自己的著作从正面对抗了基督教教义。在中世纪末期，基督教教义已经存在了几乎两千年的时间，攻击教义的一部分从某种程度上来说就是攻击教义其整体。哲学和神学方面的两位伟人托马斯·阿奎那（1225—1274 年）及其师父阿尔伯特·麦格努斯（1199—1280 年）在亚里士多德学派研究成果的基础上将基督教教义发扬光大，这两位后来都被称为教会圣师和博士。文艺复兴时期的教会高层利用其信仰和胁迫的力量，依赖两位如此扎实而且"现代"的思想家的成果，维护着教义的神圣和不可侵犯。

VIII　教会反击

▶▷　地心说教义的重生

尽管哥白尼在世的时候，部分教会成员，包括教皇，都对全新的日心说表示了兴趣，但其著作《天体运行论》在他去世那一年出版之后不久，以至于随后较长一段时间内，曾引起许多人——不全是宗教支持者——的愤慨。

不应该忘记的是 16 世纪初路德派的出现也曾经给天主教带来一场危机，教会不得不在 1545 年开始的特伦托会议中强化其教义，以应对任何形式的新教改良主义，甚至是科学的改良主义。

也许正因如此，在 17 世纪初期，新教一派更容易地接受了日心说这一全新理论。马丁·路德（1483—1546 年）最初是反对日心说的，他还因哥白尼认为地球是运动的而称其为疯子。路德确信经文中所述，上帝曾经让太阳停了下来，这明显意味着太阳是围绕地球运动的。

在特伦托会议中，天主教很明确地捍卫了地心说，并否认了日心说（认为日心说是 "不合理的"，原因如我们前文所提，它违背了万无一失的神圣教义），还把一切反对天主教教义的行为都视为异端，需要交给宗教裁判所处置。在西班牙，人们将各种罪行都归咎于宗教裁判所——著名的黑色传奇，部分与多明我会的人物托马斯·德·托尔克马达（1420—1498 年）关联在一起——但是在 13 世纪到 17 世纪末之间，它更多的是在欧洲其他区域作恶。

对于哥白尼日心说的批判也来自传统天文学界，他们的论点在于如果地球围绕太阳运转，那么天空中恒星由于视差的缘故看起来应该是移动而非静止的。视差是指从两个不同的观测点看到同一颗星球在天空中的不同位置之间形成的角度。我们这里谈论的只是年视差，指的是从地球运转轨道上两个相反的位置（或者说地球公转每六个月所处的位置）观测同一颗恒星时形成的角度。

那个时期的许多顶尖的天文学家测量了这个角度，但是依然没有结果；也就是说，天空的恒星看起来确实是静止不动的。但根据那个时期人们认为的恒星距离地球的距离（实际上，恒星要比他们想象中距离地球远得多），这个观察结果不应该如此。

虽然上述是唯一能够对抗日心说的论点，但是这个反对似乎成立。此外，恒星和地球的距离也非常值得商榷。

▶▷ 乔尔丹诺·布鲁诺

不管怎样，哥白尼去世后，教会对于日心说的态度明显变化，对其越发难以容忍，任何人一旦有违教义就可能要冒着被处死的风险。比如说，天文学家乔尔丹诺·布鲁诺（1548—1600 年），他是一位多明我会的修士，而且比哥白尼在日心说的道路上走得更远，因为他指出太阳也不是宇宙的中心（顺便说一下，他这个观点是正确的），有许多跟太阳类似的恒星，也可能有存在生命和人类居住的行星（虽然这一点至今尚未揭开谜底，但也不是不可能）。尽管这些已经很忤逆教义了，但还不是最糟糕的。乔尔丹诺天马行空的想象力使他又提出了宇宙泛神论：那些可能存在的其他世界应该有各自的上帝。如果可能的话，他还会提出比这更有违教义的观点。

　　乔尔丹诺·布鲁诺（他的真实名字是菲利波）应该是一个好奇心很强的人，他并不古怪，也不是空想家，而是非常聪颖。如今我们知道他在某些方面说得很有道理，只是有时有点疯狂。对于他而言，无论是针对星球还是针对上帝和造物发表观点都一样，在他那个年代，做到这一点很不容易。事实上，乔尔丹诺·布鲁诺在 1591 年被威尼斯贵族乔万尼·莫钦尼柯告发，进而被宗教裁判所宣判为异教徒。乔万尼·莫钦尼柯恰好在一年前聘请了乔尔丹诺·布鲁诺在其宫殿授课。1593 年，乔尔丹诺·布鲁诺被宗教裁判所法庭因亵渎神明，主张异端邪说以及不道德行为宣判有罪而入狱，具体原因是他宣称有多个太阳系、宇宙是无限的，以及有关泛神论和其他异端邪说的罪行。乔尔丹诺·布鲁诺和伽利略的审判官都是圣罗伯·白敏，最终布鲁诺于 16 世纪的最后一年 1600 年被定罪并烧死，因为他是"不知悔改、顽固和自以为是的异端分子"。

▶▷　第谷·布拉赫和约翰内斯·开普勒

　　许多古代的论断通过简单的哲学演绎，或者甚至是单纯的直觉就被认为是理所当然的，但随着观测和几何计算水平的提高，这些论断可以被完善、修正或者反驳。如果这发生在哥白尼的时代，也许就能得出如今我们看到的正确结论。

尽管如此，在 16 世纪，许多天文学家怀疑哥白尼论断所依据的数据和计算的准确性。那是因为当时还没有望远镜来扩展我们观测宇宙的视野。所有在当时可以观测到的结果都是只借助于肉眼、角度测量仪和其他少数工具。

丹麦贵族第谷·布拉赫（1546—1601 年）也许是文艺复兴第一个世纪最好的实验家和天文观测者。他尽可能准确地测量了星球的角度和变化的时间，修改了所有前人的计算，尤其是托勒密《天文学大成》中的计算。且他在行星轨道的问题上甚至比哥白尼投注了更大的关注，他毫不犹豫地面对视差问题，对他而言，这对于判断日心说的真实与否至关重要。

布拉赫因其缜密的观测，以及拥有着难以置信的天文台而闻名于世。国王腓特烈二世因为非常欣赏布拉赫的工作，为他提供了厄勒海峡的文岛并资助他建造了两座城堡。布拉赫在那里安装了那个时代规模最大的测角仪和测距仪，这使他能够以前人无法企及的精确度测量天体的角度和弧度。在这些仪器中，不得不提的是一个巨大的木质墙式象限仪，自北向南放置，其刻度非常精确，甚至可以读出角分。布拉赫还给这个象限仪加装了一个机械传动装置，就像一个简易游标尺，用它可以读出五角秒。

但是在测量恒星到地球的距离时，布拉赫没有发现每六个月观测同一颗恒星之间的角度有细微的差别，尽管其他的证据都支持波兰天文学家哥白尼的日心说体系，但上述观测结果仍然使布拉赫相信哥白尼日心说体系是不准确的。布拉赫建立了他自己的宇宙体系，混合了托勒密的地心说和日心说中围绕太阳运转的行星轨道。他对此也不是很满意，但这已是他当时因缺乏其他证据而能想到的最佳答案：地球位于宇宙中心，月球和太阳围绕地球运转，但太阳比月球要距离地球远很多，最后，除此之外的其他行星围绕太阳运转，并按照到太阳的距离从水星到土星，由近及远排列。

布拉赫在晚年看到了一个极其聪明的德国青年约翰内斯·开普勒（1571—1630 年）的工作，并邀请他来拜访自己。两人之间曾有过摩擦：当时的布拉赫已经 54 岁（在次年逝世），非常暴躁，他在一场决斗中丢掉了鼻子，带着一个金银做成的假体，非常显眼。他不能接受这个难以捉摸且又体弱多病的青年人与自己有任何分歧。开普勒当时只有 29 岁，但作为数学家已经小有名气。他虽然得到布拉赫的邀请，但结果却被布拉赫拒之门外，更不要说得到他需要的数据，特别是关于火星的数据，用以验证他对于行星轨道是椭圆形的想法；但是晚些时候，这些数据还是肯定了他对于椭圆轨道的假设。在这件事情上，也许是布拉赫的儿子进行了干涉，他嫉妒开普勒得到自己父亲的钦佩。1601 年，第谷·布拉赫突然离世，哈布斯堡王朝的神圣罗马帝国皇帝鲁道夫二世出人意料地委任开普勒作为其继位者，也就是说，开普勒成为新任皇家数学家。因此，他得以接触所有布拉赫积累下来的非常精确的数据。

开普勒最重要的著作《新天文学》发表于 1609 年，其概要就是在他的皇家数学家任期内完成的。著名的行星运动三大定律也是在这部著作中明确地叙述。在此之后，开普勒完成了另一部具有重大影响力的作品《鲁道夫星历表》，包括详细的行星和很多恒星的角度和距离。

开普勒有很深的宗教信仰，在推翻基督教宇宙起源地心说以及打破旧有天体之间的和谐时他内心充满愧疚。但是，他的数据迫使他不得不接受他抗拒的事实：尽管视差的问题仍未解决，但是哥白尼的日心说是正确的；此外，行星的轨道不是正圆形而是椭圆形，这一点是新的发现。著名的开普勒三大定律的第一定律是说，在太阳系统中，太阳占据了椭圆的其中一个焦点。开普勒第二定律是说，在相等时间内，太阳和行星之间的连接线扫过的面积都是相等的；这意味着当行星距离太阳较近的时候移动的速度更快。开普勒第三定律说，各个行星绕太阳公转周期的平方和它们的椭圆轨道的半长轴的立方成正比；这意味着距离太阳越远的行星，其旋转的速度越慢；此外，如果知道行星公转的周期，借助这个定律还可以计算出行星到太阳的距离。

开普勒三大定律可以应用于太阳系，其中两个天体之间有相互吸引的作用力（太阳—行星、地球—月球），这帮助牛顿参悟了万有引力定律。但是，当三个或者更多的天体介入，引力作用就太过于复杂以至于没有应对的答案，这就落到了混沌理论的范畴。

开普勒晚年疾病缠身，智力衰退，某个钦佩他工作的传记作家为此也感到痛心。由于晚期的精神衰弱，开普勒甚至否认了潮汐是因为月球对地球的引力所致。而这个传记作家认为，这种否定甚至愚蠢过他晚年的精神衰弱和痴呆症。

IX 终于，伽利略

▶▷ 科学方法的诞生

13 世纪和 15 世纪之间的阿拉伯和欧洲数学家，尤其是哥白尼的工作，给伽利略·伽利莱（1564—1642 年）铺平了道路。伽利略被认为是科学方法之父，他因此是现代科学的支柱之一，也是最早的支柱。他生活在文艺复兴时代。在那个年代，迷信、魔法，当然还有并不总是与理性的发现吻合的宗教教义，仍然在社会中占据主流。

伽利略对我们今天称为科学的许多分支感兴趣——正是因为他，物理学成为实验科学，不再单纯依靠投机——但是他的工作大概可以分为两个核心领域：对运动的实验研究和通过自由落体实验证明日心说。在阅读了哥白尼的著作之后，他认为日心说无可辩驳，尤其在学会制造并使用望远镜之后对之更加坚信。望远镜是德国—荷兰人汉斯·李普希于 1608 年发明的。

在帕多瓦任教的晚期，伽利略得到了关于新近发明的望远镜的消息。其原理记载于 1608 年他收到的曾经的学生的信件，这位学生时任法国外交官。在 1609 年伽利略沿用了这位朋友提供的理论模型，设计并制造了多个望远镜观看远景，虽与李普希发明的望远镜有些许不同，但是功能更强大。尽管不是伽利略发明了望远镜，却是他建造出足够强大的望远镜，并在历史上首次将其应用于观测夜空。

顺便一提，在1611年，当伽利略正在将自己的设备展示给一群朋友，并告诉他们哪些是木星的卫星时，其中一位朋友，希腊数学家德米西亚尼建议将这部设备命名为"望远镜"。起初这个名字并非所有人都喜欢，但如今，却是尽人皆知。

▶▷ 《星际信使》

伽利略于1610年出版的《星际信使》可以被认为是一部纯粹的科普著作；伽利略在这本书中以授课的方式清楚解释了他的大部分新近发现，包括木星的四颗卫星，月球上存在的山峰、峡谷和陨石坑，以及天空中一目了然的众多恒星。此外，还顺便提及了他如何得知望远镜的存在：[……] 我听到传闻说某个荷兰人制造出了一部望远镜，通过它可以看到距离很远的物体，仿佛就在眼前一般 [……] 若干天之后，一封来自巴黎高卢贵族雅克·巴多维尔的信函证实了这个传言，最终，这成为我深入探索望远镜原理的动因，也促使我设计和发明了一个类似的设备，这个设备还成为支持我研究折射原理的工具 [……] 借助这个设备，可以把东西放大拉近，看起来物体被放大到9倍，距离拉近了3倍。最终，我不惜代价、不遗余力地制造出了一台出色的设备，通过它看物体比起肉眼观测可以放大近 1000 倍，距离拉近超过 30 倍。我本可以更多地解释这部设备在陆地和海洋方面的用途有多大。但我决定忽略地上的用途，用它观测天空。[1]

伽利略在青年时期就读过哥白尼的著作，而且确信他的论点是正确的。甚至在视差的问题上，他认为也许是因为恒星距离地球太远了。如果不是所有恒星都如此遥远，那么就有可能确定这么一个小角度。事实上，如今的我们知道任何一颗恒星的最大视差也小于一角秒（第谷·布拉赫曾经成功地将角度测量精度缩小至十角秒，甚至五角秒；但如果要测量视差，他当时还需要再把精度提高 10 倍）。

很明显，由于望远镜的应用而发现的月球表面的高低起伏、木星的卫星、土星的"耳朵"（稍晚些时候被确定为土星环）、太阳黑子，以及其他只有通过天文望远镜才能观测到的证据，亚里士多德对于宇宙的假设被完全推翻：亚里士多德认为宇宙由一个套一个的完美同心球体组成，外围还有另一个同样完美的球体，镶嵌着静止不动的恒星。事实正相反，宇宙并不完美。宇宙中有成千上万颗恒星汇成的银河，围绕太阳旋转的是行星，其中一些行星，比如地球和木星，还有自己的卫星。

总之，我们要跟完美的宇宙告别，与和谐的同心球体告别，与地心说告别，还有与以托勒密—亚里士多德为基础的基督教宇宙起源说告别。

---

[1]　西班牙国家科学技术博物馆在 2010 年将《星际信使》从拉丁文翻译成西班牙的四种语言，译文之前附有一篇有趣的引言，由学者何塞·曼努埃尔·桑切斯·罗恩和当时的博物馆馆长拉蒙·努涅斯·森特利亚共同署名，其中提到了伽利略的很多生平逸闻和工作情况。

▶▷　伽利略的贡献

伽利略所有关于宇宙学的工作，可以高度概括，并分为以下几个里程碑（前四个出现在 1610 年出版的《星际信使》之中）。

1. 月球表面存在高低起伏

这只可能说明天空并非完美的，星球既不光滑也不是一成不变的。托勒密的宇宙起源说指出变化和腐坏只存在于月球之下，或者说只存在于地球上。但是现在看来，月亮也展现出了不完美的一面。

2. 发现了许多当时尚未观测到的恒星

望远镜不但发现了许多未知的恒星，还发现很多已知恒星通过望远镜观看并没有像月球和太阳那样被放大。这只能说明恒星距离我们比想象中要远得多，因此，也顺带证明与日心说相左的视差论据是不成立的。

3. 银河是由上万，甚至数百万颗恒星组成的

伽利略自己解释道："借助望远镜我们得以细致观察了银河的材质和性质，我们用双眼观察的所见所得解开了困扰哲学家们几个世纪的争论 [……]。银河系是由数不清的一组一组的恒星散落分布而成。"

4. 发现木星的卫星

有关木星四颗卫星的篇幅在《星际信使》中相当于前三个发现之和，可见伽利略对此非常看重。伽利略在介绍中评论说："有必要阐明在发现木星的卫星这件事情上什么是最重要的，换言之，我们揭示并宣告了四个自古以来从未曾看到的'行星'。"

伽利略将木星的卫星命名为"美第奇行星"，致敬他曾经的学生，也是后来的托斯卡纳大公科西莫二世·德·美第奇。四年之后，出生于德国贡岑豪森的天文学家马里乌斯将这四个卫星以朱庇特相关的神话人物命名，并认为自己是第一位观测到这四颗卫星的人（尽管他比伽利略早几天发现，但直到《星际信使》出版他都没有公开）。如今，这四颗卫星以马里乌斯在 1613 年建议的方式命名：艾奥（木卫一）、欧罗巴（木卫二）、盖尼米德（木卫三）和卡里斯托（木卫四）。他反过来又说是约翰内斯·开普勒给他建议的这些名字。

5. 太阳表面存在黑子

伽利略在 1610 年观测到了太阳黑子，但是直到 1613 年才公布于众，确定在太阳表面观察到的深色黑点是属于太阳的一部分，而不是太阳之外的物质。因此，他推断太阳围绕自身的轴旋转。他用意大利语描述了太阳黑子，正如他所强调的"……我用通俗的语言描述我的发现，因为我需要任何读者都可以阅读"；伽利略随后的作品也用了意大利语，比如《试金者》。顺便说一下，笛卡儿于 1637 年出版的《谈谈方法》是用法语写的，而罗伯特·波义耳于 1661 年用英语发表了《怀疑派的化学家》。17 世纪的时候，出现了服务于大众的科普著作。

天文学家沙伊纳是一位耶稣会士，外号"阿佩莱斯教父"，他确信观测到的太阳表面的黑色斑点是金星和水星，或者其他体积较小的行星。这样的观点没有违背太阳是完美、永恒而且围绕地球旋转的教义。但是，伽利略的发现完全否定了教会基于沙伊纳的工作对太阳黑子的官方论述，而且伽利略从数学角度证明了沙伊纳的推断是错误的。此外，还提供了与太阳黑子频率、数量、形态、偏移、出现和消失有关的数据。所有这些都证明太阳黑子并不是任何经过太阳的行星。

但是当时宗教裁判所的介入迫使伽利略于 1616 年前往罗马接受审判，经过几个月的审判后，宗教裁判所郑重告诫伽利略不要坚持有关日心说的论述，并声称其"违背戒律"。教廷将哥白尼的著作《天体运行论》纳入禁书目录，并禁止伽利略研究和传授日心说相关的理论。

6. 金星相位

伽利略在 1610 年还观测到金星并不永远是呈现圆形，而是像月球一样，呈现不同的相位；但是他直到 1623 年确认了自己的数据和可能的假设，才将这一发现收录于著作《试金者》之中，在这部作品中伽利略还重点分析了彗星。金星呈现不同相位无非是因为它围绕太阳公转，如同月球围绕地球旋转、木星的卫星围绕木星旋转一样。托勒密—亚里士多德的体系已经被推翻。第谷·布拉赫虽然承认了地心说——这一点被罗马神学家，同时也是教会教义坚定的拥护者迅速地利用——但是因为他同时认为其他行星围绕太阳旋转，所以他的言论也都被禁止了；然而就算第谷的观点正确，那为什么只有金星像月球一样呈现不同的相位？

7. 太阳自转轴的倾斜

伽利略通过自己的观测结果证明了太阳自转时的轴心是倾斜的，这成为他反对第谷·布拉赫的理论体系所提出的确切证据。换言之，太阳不但有黑子，而且会围绕一个轴心自转。从顶部看，是一个与行星旋转平面成倾斜角度的旋转轴。也就是说，太阳并不完美。

这个证据是关于太阳的，所以用来说明地球不是中心看似不能令人信服。但毫无疑问的是，伽利略不仅证明了太阳并非亚里士多德术语所描述的完美和"不朽"，而且太阳是中心，包括地球在内的所有行星都围绕它旋转。事实上，如果以一年为周期围绕太阳旋转一圈的是地球，那么太阳自转的旋转轴会根据惯性运动而滚动。相反，如果是地球静止不动，太阳围绕地球旋转，就无法解释太阳两种运动的物理原因，一个是围绕地球旋转，另一个是自转。

支持日心说的论据尽管很晦涩，只有少数当时在物理学方面受过教育的人能够理解，但它们依然是确凿而有力的：日心说才是真相。

8. 有关潮汐成因的论据（错误）

伽利略认为，地球的自转和围绕太阳的公转使地球表面每十二个小时经历小规模的加速和减速，造成了海洋的潮汐现象。这个论点机智且有趣；其实加速和减速的力量远弱于伽利略计算的结果，并不能构成发动潮汐的原因，而月球和太阳的引力作用的确可以造成潮汐现象。但是，伽利略并不知晓计算月球和太阳引力的基础数据，比如地球距离太阳的距离，以及地球旋转的速度。

▶ ▷ 与宗教裁判所和教皇有关的问题

伽利略在他的书中以一种机智且通俗的方式向公众介绍了金星的相位、太阳自转轴心的倾斜、太阳黑子，以及潮汐的成因。这本书以三个人对话的形式展开，因此迅速闻名于世。事实上，这本书叫作《关于托勒密和哥白尼两大世界体系的对话》，用三个朋友在威尼斯对话的形式呈现：第一个对话者萨尔维阿蒂是哥白尼体系的维护者——也许是伽利略本人，因为他也是"学者"，即他像伽利略一样隶属于猞猁之眼国家科学院。第二个对话者辛普利邱是托勒密和亚里士多德的拥护者。尽管教皇乌尔巴诺八世于1611 年（当时他还是红衣主教）在罗马接见了伽利略，并表示了对其工作的兴趣，但托勒密和亚里士多德依然被看作是伽利略的两个对手。第三个对话者是中立且聪明的沙格列陀，他不通天文学，也无宗教偏见，但最终他认可了萨尔维阿蒂的观点。

这本著作在1632 年一经出版就造成了一阵不小的骚动。当然，这一次来自宗教裁判法庭的处罚没有让人等太久：在1633 年禁止了这本书，并立即纳入了禁书目录，直到一个多世纪之后才解禁。

同时，已经 69 岁并且几乎失明的伽利略，被正式指控宣传异端之罪。因为主要的控诉人恰好是跟伽利略敌对的耶稣会士（他们到处宣扬说辛普利邱是教皇，而伽利略企图嘲笑他），所以法庭的审判很容易。

有趣的是，伽利略的这部著作在当时已经通过了审查。然而，对伽利略的审判却从这部著作的异端内容开始，导致审查者的处境非常糟糕；此外，伽利略还被指控破坏了宗教裁判所在 1616 年强加给他的禁令，禁止其研究日心说。

其实，因为针对伽利略的证据非常脆弱，所以没有对他明确地定罪。伽利略只是被迫"自愿"认罪，并承认自己的"错误"，以此换来仁慈的惩罚。宗教裁判所在迫使伽利略承诺放弃自己的观点后，最终判处无期徒刑。教皇心有不忍，随后将狱中服刑改为软禁。

伽利略虽然有女儿侍奉身旁，但他的视力渐渐恶化，最终在 1638 年完全失明，并于四年后在佛罗伦萨附近的阿切特里与世长辞，享年 77 岁。伽利略的著作借助其学生和追随者的力量已经在整个欧洲传播开来。教会也很快发现他们想极力掩盖的事实正渐渐被整个文明社会所接纳，可以说他们想掩盖的是理性的力量，以及揭示古老教条真相的证据。

尽管如此，日心说和地心说之间的斗争仍持续了很久，直到天主教会逐步接受了日心说才算终止。这场斗争也是宇宙学—宇宙起源说之间对偶性的明显标志。教皇本笃十四世在 1757 年下令将禁书目录中所有支持日心说的著作全部解禁。

▶ ▷ 伽利略和 20 世纪

可以这么说，纵使在 18 世纪，伽利略这个人物从教义上来讲依然是可接受的极限。在这方面第一个破冰者是教皇庇护十二世派契利，他在 1939 年宣称伽利略是"最勇敢的研究英雄，他不惧怕推翻前人建立的丰碑"。随后，教皇约翰·保罗二世派人就 16—17 世纪期间日心说—地心说的争议进行研究；这项研究于 1981 年开始，直到 1992 年才完成。负责这项研究工作的委员会成员之一是著名的红衣主教拉辛格，也就是后来的教皇本笃十六世。令人吃惊的是，他们的研究结论是伽利略在证明日心说时候的论断缺乏有效的科学论据，这给伽利略同时代的教廷开脱了罪责，而伽利略理应服从教会训导；总而言之，这项研究对于伽利略所受的惩罚进行了辩解，至少从教廷的角度看来认为不需要为伽利略平反。

简言之，就是顽固不化。

当拉辛格还是教廷信理部（前身是天主教法庭，或者说当代的宗教裁判所）部长时，他于 1990 年在罗马智慧大学的一次演讲中引用了德国哲学家保罗·费耶阿本德在 1976 年写的一段话："……伽利略时代的教会比伽利略本人更加恪守理性 [……]，教会对于伽利略的惩罚是公平且合理的，因此，教会将对伽利略的审查予以合法化仅仅是出于政治机会主义的目的。"

拉辛格能够因为这句话是引用的就脱离干系吗？也许他是借此向其他人传递了一个特定的讯息？如果他的目的是为伽利略平

反，难道就找不到其他更有利的引用吗？

问题是罗马智慧大学的学生和老师们对拉辛格的演讲很反感，很多人在演讲后在媒体或者公开信中向他提问，为什么要回顾一段这样的文字，其中关于伽利略审判明显是倒行逆施。

一场丑闻因此而起，2008 年，当拉辛格已经是教皇本笃十六世的时候，他想在罗马智慧大学重新做一次演讲，但是很多师生都反对，称之为"不受欢迎的人"。梵蒂冈对此很愤怒，随后解释说是小部分搅局的人错误地解读了主教拉辛格在 1990 年的演讲。

事实上，拉辛格通过对两位德语哲学家评论言语的断章取义，表达过自己对科学在逐步现代化过程中的质疑方式持有保留意见。具体来说，其中一位哲学家保罗·费耶阿本德（1924—1994 年）认为伽利略因为未曾提供可以证明日心说的证据而应该受到惩罚；另一位是恩斯特·乌尔里希·冯·魏茨泽克（1939 年生），是所谓的绿色生态环境的圣骑士，他在一次评论中称原子弹追根溯源是基于伽利略一系列的科学发现。

拉辛格作为智者的形象在哲学和神学领域一向非常受人尊重，但是因为借用诸如此类的夸张甚至荒谬的陈述作为自己的论据，导致其形象严重受损。

一位梵蒂冈的神学家在 2008 年的丑闻之后发布了以下的内容：

（罗马智慧大学的老师们）并没有认真地阅读那场演讲的完整内容。如果他们读了，就会看到演讲的主题是科学造成的信任危机，他以伽利略案子中的变化作为例子：如果伽利略事件代表了 17 世纪所谓的教会中世纪蒙昧主义，在 19 世纪会产生一个变化，强调伽利略没有收集令人信服的证据来证明日心说体系，在此处拉辛格主教引用了费耶阿本德和冯·魏茨泽克的话，而后者将伽利略和原子弹直接联系了起来。拉辛格主教的这些引用既不是为了掩饰，也不是为了辩解，只不过是作为证据说明现代性中的自我怀疑是如何否定了科学和技术的。

这个论证多么有趣啊；用俗语说就是抓着叶子拔萝卜，[1] 因为其最终要传达的意思是伽利略时代的教会是正确的，掌握绝对的真理，而伽利略只提出了假设，没有结论性的证明。顺便提一下，他们在论证过程中完全忽略了伽利略通过望远镜所观测到的结果，仿佛从来不曾存在过一样。

我们谈论了拉辛格的这段历史，以及天主教会给予伽利略的平反，都不过是为了证明到了今天，尽管宇宙起源说和宇宙学之间的矛盾没那么激烈，却依然存在。宗教的出发点是自己的教义，而教义是绝对正确的，他们很难接受科学逐步提供的证据，因为科学的出发点是容易出错的人类理性。在伽利略事件中，宗教是指天主教，而教义是指地心说。

2009 年 2 月 15 日，伽利略去世四个世纪之后，在世界科学家联合会的推动下，梵蒂冈为他举办了一场弥撒，教会以此方式向世人公布接受伽利略的科学遗产。无论怎样，应该认可教会此举。

---

[1]　西班牙谚语，意指本末倒置，或避重就轻。——译者注

X 牛顿（和康德）

▶▷ 艾萨克·牛顿和他的"原理"

伽利略去世的同一年，艾萨克·牛顿在英国出生，他是另一位 20 世纪之前的科学支柱。事实上也不完全如此：英国人还没有采用 1582 年格里高利改革的日历（其在 1752 年才被采纳），因此，牛顿出生的时间是 1642 年 12 月 25 日（儒略历日期），但如果按照格里高利改革的日历计算就是 1643 年 1 月 4 日。而伽利略是 1642 年 1 月 8 日去世（格里高利日历日期），也就是说，比牛顿的出生早了一年差四天。

牛顿和伽利略一样涉猎科学的多个领域，不仅仅是宇宙学。他大概也是现代数学、光学和力学之父，当然还有天文学。

牛顿最有名的著作是 1687 年出版的《自然哲学的数学原理》，其中描述了星球之间的相互吸引力是如何作用的，并解释了星球之间的相对运动。伽利略在研究物体自由落体和钟摆定律的时候是能够察觉万有引力定律的，但他最终没有能够形成结论，就好像牛顿之前的科学家都还不能解释行星为何根据开普勒定律运动。

历史学家大多普遍认为牛顿于 1665 年和 1666 年在他家里的

农场躲避瘟疫期间发展出他的一系列理论，特别是流数术（即微积分），著名的二项式，当然还有万有引力定律（即吸引力的大小和它们距离的平方成反比）。也许在那里牛顿看到了苹果掉落，于是想到了为什么物体会下落，从而诞生了一段田园传奇；但貌似这是沙特莱夫人编造的——牛顿毫无疑问对这个编造感到高兴，因为这令他闻名遐迩——她是杰出的物理学家、伏尔泰的灵感女神和情人，也是牛顿作品的法语译者，此版本在 1749 年出版，同一年，她因为分娩后血栓而去世。尽管关于苹果的故事可能不是真实的，但依然是一段好故事。

万有引力定律被哥白尼革命画龙点睛，这场革命经伽利略扩大，由牛顿巧妙地完成。最终，我们不仅了解星球如何运转，而且无须借助任何神明就能知道背后的原因。还有待阐述的是整个宇宙的来源是哪里，最终会如何消亡。但是在 17 世纪末期，一个昭然若揭的事实已确认无疑：人类可以通过思考和实验来寻求关于整个世界最基本问题的答案。

有趣的是，牛顿的万有引力是通过"优雅"的数学公式来描述的，物理学家用"优雅"来形容那些将简洁和描述能力完美结合的定律。牛顿如是描述万有引力：任意两个物体之间吸引力的大小与它们的质量乘积成正比，与它们距离的平方成反比。

这意味着一个物体围绕另一个物体的运动，比如行星围绕其恒星运转，是因为这个物体以初速度"跌向"另一个物体，而永远无法接触到此物体，并开始围绕其运转。

牛顿通过一个例子说明了这个原理，这个例子预言了未来建造人造卫星并发射入轨道的可能性：一个人如果从山顶水平扔出一个物体，根据扔出的力量大小，该物体将会在空中绘出一条下降曲线，然后落到大约山体斜坡处，这个曲线的形状仅与重力（被扔出物体的重量）和初速度有关系。如果扔出的初速度足够大（这将要求一个相当大的力量），那么物体下降曲线将会趋于"水平"，甚至其半径比地球自身的半径还要长，以至于它也许永不会"跌向"地面，而是按照一定的高度围绕地球转圈，绕地球一圈后最终到达将其扔出的那个人的背部。当然，只有在没有摩擦，而且做出投掷这个动作的人力量巨大的时候，这个现象才会发生。

如今我们就是以这种方式将人造卫星送上轨道的。一架火箭——具有那股巨大的力量——上升至所需的高度，然后水平飞行，最终让卫星自己维持在围绕地球的轨道上。如何做到？很简单，卫星持续地"跌向"地球，但是火箭给它提供了一个水平初速度，令它始终维持下跌的轨迹，但是这个下跌轨迹的弧度小于地球的弧度。顺便提一下，放上天的卫星遵守开普勒第一定律，其运动轨迹是抛物线。

从宇宙学的角度来看，万有引力的卓越性不只体现在天体旋转的同时，相互之间还"吸引"；它是一种物体间的相互作用力，适用于整个宇宙。和两个世纪之后爱因斯坦发现的相对论一样，它是普适规律，或者说宇宙定律。

事实上，吸引力是相互的，举例来说，行星吸引太阳的同时，太阳也吸引行星。普遍来说，所有有质量的天体相互吸引，所以当牛顿发表他的第三运动定律时他意识到，由于相互吸引力随着距离的增加而减弱，星球的运动虽然看起来是规则的，但永远不可能如此。用牛顿的话说："行星既不是按照规则的椭圆形轨道运转，每次运转的轨迹也不完全相同。"

牛顿是虔诚的宗教信徒，但是宇宙中星球所谓的不完美——亚里士多德称之为腐坏，与完美相对——并没有给上帝的伟大造成任何影响；相反，牛顿认为行星通过不断调整才得以按照规则的轨道运转，对于神灵而言，实施这种调整并不是困难之事。

牛顿的三大运动定律很好地解释了宇宙中的天体如何运转，当然也包括我们人类居住的地球。第一定律是惯性定律，笛卡儿和伽利略在此之前都意识到了；根据惯性定律，物体保持其运动或静止状态，除非有任何外力导致其改变此状态。这个定律与亚里士多德的观点恰好相反，他认为只有当外力不断作用于物体时，该物体才会运动。

根据第二定律，物体运动的变化与施加的外力成正比，沿着施加外力的方向运动。换言之，加速度是作用在物体上的外力和物体质量的乘积，表达为公式是：$F = m \times a$。

最后，第三定律指出，每个作用力都有一个等值反向的作用力，也就是说，方向相反。

将运动三大定律连同万有引力定律一起作用于宇宙，意味着建立起一套科学的宇宙学，这其中不含有任何超自然的内容。而牛顿，如我们前文所提，是非常虔诚的宗教信徒（阿里乌教派的信徒，天主教的敌人）。事实上，牛顿在其著作中将更多的篇幅用于宗教而不是科学；其中一件最有趣的事是牛顿预测了世界末日，以及最终审判的降临，他从《圣经》文字出发，通过计算推断出了这个日期。虽然不是很明确，但是他的确说过是在 2060 年之后。

牛顿的性格虽然不完美，但因为他的天赋，以及在各个领域上的工作和分析能力，他生前依然非常受人尊重。这其中不乏一些神秘领域，比如炼金术和占星术。牛顿于 1689 年被选为国会议员，于 1703 年当选至今都很有名望的皇家学会的会长，于 1705 年被安妮女王授予爵士身份。牛顿于 1727 年去世，享年 85 岁，于西敏寺举行国葬，那里葬有英国历史上许多伟大的人物。

▶▷ 牛顿之后

尽管有了牛顿和前人们的发现和计算，某些事情还是不清楚。比如说，著名的视差问题，在日益精确的望远镜，包括牛顿自己发明的反射望远镜的帮助下，仍然没有通过观测得到解决。牛顿想到了利用抛物面镜作为物镜，这样可以避免光透过镜头时的散射；比如说，光线透过镜头边缘时白色光被分解导致产生的色差。

牛顿对视差没有给予足够的重视；像伽利略，也非常确信恒星距离太远（相比太阳和地球之间的距离而言），所以即使能够测量出一个角度，也会是无限小的。事实上，直到 19 世纪我们都没能知晓任何恒星的视差；普鲁士的天文学家弗里德里希·贝塞尔（1784—1846 年）于 1838 年年末第一次确定了恒星天鹅座 61 的准确视差，推算出其距离我们 10 光年（实际上是 11.4 光年）。1 光年是光以 30 万千米 / 秒的速度传播一年的距离，大约是 9.46 万亿千米。

伽利略在生前就认识到宇宙不仅仅由恒星组成，还由多个星系或者说星云组成，星云之中又有不同组别的恒星。在他之后，其他的天文观测者逐渐发现了更多的星系，开始建立一套目录，按照星系的位置和形态将其记录下来。

第一个被发现并记录的是仙女座星系，这是我们银河系的邻居，和银河系几乎是双胞胎。西门·马里乌斯（1573—1624年）于1614年在著作《木星世界》中描述了仙女座。他正是在这部著作中与伽利略竞争作为木星卫星的发现者。在整个17世纪和18世纪初期，许多其他的天文学家都致力于研究星系，通过新的数学想法来理解星系的性质，甚至是神性。

他们其中之一的是法国天文学家、博物学家皮埃尔·路易·莫佩尔蒂（1698—1759年）。他在行星旋转原因的问题上支持牛顿的理论，对抗当时更多人支持的笛卡儿。这位法国哲学家将行星的旋转归因于"充满太空的某种神秘物质所形成的旋涡"。莫佩尔蒂在其1732年出版的著作《关于星球形状的讨论》中就部分已发现星系的可变性形成了一套数学解释，假定星系是由开放的椭圆形组成，旋转轴各不相同；此外，他也支持牛顿革命性地认为地球是椭圆形的观点（换言之，是一个南北两极扁平的球体），为此他开启了一段漫长的极地探索，深入拉普兰地区，以测量地球半径的差异。伏尔泰曾嘲笑莫佩尔蒂的这趟旅行，在伏尔泰看来，这趟旅行是荒谬而且无用的，因为牛顿在伦敦足不出户就得出了同样的结论。但是，当然，伏尔泰鄙视了笛卡儿的论断。

法国神父尼可拉·路易·德·拉凯叶（1713—1762年）因其

对地理学和天文学的贡献而闻名，他在开普敦建立了一个天文台，给许多南半球星座命名。至于星云方面，他于 1755 年发表了第一部目录，尝试将星云根据形状分类。拉凯叶是著名法意天文学家雅克·卡西尼的学生。雅克·卡西尼的父亲以及儿子和孙子均是巴黎天文台台长（台长一职在卡西尼家族四代人之间传承。公平地说，他们都工作得很好，对于天文学的发展均有贡献）。

▶▷ 伊曼努尔·康德的《通史》

18 世纪的那些智者们没有任何一个严肃地就星系这样奇特宇宙物体的起源和发展发问，更不要说整个宇宙。只有哲学家伊曼努尔·康德在他的著名著作《通史》中这么做了。这部作品于 1755 年出版，同年拉凯叶发表了他的星云目录。

尽管伊曼努尔·康德（1724—1804 年）更广为人知的是他的哲学著作，但是他的确是现代欧洲最具影响力的思想家之一，也许还是启蒙时代，甚至是迄今为止最有趣的哲学家和科学家。我们将深入探讨的不是他在哲学方面的工作，而是他在宇宙学方面的工作，因为可以说是他奠定了现代宇宙学的基础。他在伽利略和牛顿的工作基础上，将古希腊学者挚爱的纯理性主义和作为科学方法基础元素的新经验主义进行了真正而富有成果的融合。康德认为，仅仅靠理性进行思维，不将其应用于实验，将会导致没有实际价值的理论幻想。

1749 年，年仅 25 岁的康德发表了他的第一部科学和哲学著作《论对活力的正确评价》。而在宇宙学方面，康德的重要著作是其青年时期发表的《自然通史和天体论》，这部名作被简称为《通史》。在这本书中，康德从牛顿的工作和他自己所知的有关恒星和星系的知识出发，进一步提出了许多假设。

康德在前言中回避了宗教，宣称自己的灵感来自某些古代哲学家，比如米利都的留基伯（公元前 5 世纪）——他是巴门尼德和埃利亚的芝诺的学生，也是机械原子论的建立者，著有《宇宙的协调》——阿夫科拉的德谟克利特（公元前 460—前 370 年）是留基伯的学生，经常被认为是现代科学之父，因为他否定了神对于自然定律的干预，所以也是第一位唯物主义无神论者。亚里士多德对其崇敬有加，而柏拉图却对他恨之入骨；萨摩斯的伊壁鸠鲁（公元前 341—前 270 年）是德谟克利特的追随者，理性享乐主义和唯物主义原子论的捍卫者，他认为自然法则是被偶然支配的。康德也很崇敬罗马诗人卢克莱修（公元前 99—前 55 年）的著作《物性论》，后者进一步宣传了伊壁鸠鲁和德谟克利特的物理学。

当然，康德远比古希腊先哲们走得远，他在 1755 年前言中阐述了他的基本思想。正是在《通史》这部著作中，康德首次奠定了如今我们称为物理宇宙学，或者说科学宇宙学的基础，不仅研究天体如何运动，而且还在探索宇宙的起源和发展。

在康德看来，部分"太阳"星云可能由大量自转的气体云气组成；从那些气体旋涡中诞生了恒星和其行星，比如太阳和太阳系的行星们。这个解释摒弃了神力，而只是陈述一个理性的假设。有趣的是，我们在 20 世纪中，通过复杂的实验和来自专业卫星的数据，逐步发现康德是对的。此外，康德还断定银河——毫无疑问还有其他星系——是某种恒星星盘构成，而这个恒星星盘也是从非常巨大的云气高速旋转后形成。

宇宙由大规模的星系组成，这些星系类似太阳系的构成，这一想法最终被描述为宇宙岛，并变得非常流行，一直到我们生活的年代。也就是说，广袤的宇宙由众多的宇宙岛构成，而星系里又有无数的恒星，其中每一个恒星或许还有它自己的行星系统，以这个恒星为中心旋转。

康德曾写道：

> 如果行星的结构仅仅是物质受到运动定律影响的结果，如果自然力量背后所隐藏的机制可以从混沌自行发展到完美，那么由于看到宇宙的美丽就认为存在原始的神力，这样的论证是完全不可信的。大自然是自给自足的，不需要神这样的角色。

仔细阅读这段文字，它是对宇宙起源说的最终审判，不仅仅是站在此类想法总是有争议的哲学角度，而且是站在我们今天所说的科学角度。因为康德的假设是基于他的前人逐渐积累的数据，以及那些能够解释天文事件的数学公式。比如说，观测莫佩尔蒂收录的恒星星云——拉凯叶更加完整的星云目录证实了这一观测，但康德在完成其著作的时候并不知晓——证实了伽利略对银河的最初假想，他认为银河中有许多的恒星，或许是结构相似的星云。

开普勒定律和牛顿定律，或者说万有引力定律，给这一切提供了物理学的支持。

康德的态度纯粹是科学态度，这清楚地体现在他的著作中。比如说，他从距离如此遥远的地球上试图探测并理解恒星围绕其所在星系的中心旋转的同时自己有怎样的运动，这种运动应该是一种非常快速的运动，甚至达到了 18 世纪天文观测范围的上限。

在这方面，康德以英国皇家天文学家詹姆斯·布拉德雷（1693—1762 年）为榜样，詹姆斯·布拉德雷是著名的哈雷彗星发现者爱德蒙·哈雷的继任者。他是一位极为细心的天文观测者，发现并解释了光行差——不要和镜头的光学像差混淆，光学像差跟镜片的形状密切相关——也被称为天文光行差或者恒星光行差。尽管是一个非常技术层面的问题，但仍值得简单解释一下，因为它对天文学贡献卓越。

本质上，光行差是观察到的恒星实际位置的明显位移，这个位移取决于观测者的速度，相比恒星与静止观测者之间的夹角，运动观测者观察到的恒星与运动观测者之间的夹角更倾向观测者移动的方向。

当然，这个夹角非常小，其大小与观测者的速度和光速之间的关系成比例。已知观测者的速度（地球围绕太阳公转的速度，或者说大约 10 万千米 / 时），那么可以推算出光的速度应该是有限的。而布拉德雷因细致入微，是第一位计算得出光速的；顺便提一下，他计算的结果与实际结果相差不远。这位康德仰慕的英国天文学家对天文观测做出了另一个重要贡献，一些历史学家认为，这足以让他与喜帕恰斯、第谷·布拉赫和开普勒齐名：他发现了地轴章动，也就是说，地球像陀螺一样旋转的同时，地轴绕公转平面的垂直轴旋转，在空间描绘出一个圆锥面，这个周期是26000年。就这样，在岁差的基础上又发现了章动。

康德在他的著作《通史》中对布拉德雷发现的光行差进行了大篇幅的论述，不仅指出这是当时最新的科学发现，而且通过这些知识，康德将对于宇宙起源和可能的结局的解释，与自己的宇宙学立场结合在一起。特别是，当时太阳系内行星运动的知识已经相当精确，令这位哲学—科学家推测整个宇宙，包括其中的那些星系的起源可能是唯一的。共同的起源可能是一种原始的混沌，或许由气体原子和其他物质粒子构成，分散在无限的真空之中。当它们以某种方式相遇时，便相互吸引并聚合。尽管康德从来没想到过，但是这跟大爆炸的概念已经很接近了。

在这个想法中，原始的混沌实质上应该是不稳定的；由于引力的作用，较重的颗粒吸引较轻的颗粒，产生某种聚合，进而形成了星云。而后，根据星系或者恒星的大小，会出现行星系统。康德在1755年就有了这个想法，比20世纪关于星系、恒星和行星起源的想法提前了大约一个半世纪。

康德的另一项成就和牛顿的万有引力有关，甚至比牛顿走得还要远。康德认为，引力应该也适用于无限的距离：如果太阳吸引行星，那么行星也吸引太阳。它们之间的引力大小跟距离的平方成反比（因此，仅在较近的星球间观测到了引力，但这不意味着距离遥远的物体间没有其他微弱的引力）。

总之，康德确证了主宰宇宙的定律更接近混沌说，而不是古希腊先哲捍卫的完美说，而基督教宇宙起源说之所以采纳完美说，是因为只有神才能是完美的。那么，是不是不完美的宇宙就不再神圣？对于康德而言，答案很清楚，我们应该记得他曾写过"大自然是自给自足的，不需要神这样的角色"。

康德也对其他问题感兴趣，包括月球的起源，以及由太阳之前的物质和气体形成的行星旋转的根本原因。康德还假设土星环可能是由极小的卫星组成，这些卫星围绕土星旋转；如今我们知道的确如此。除此之外，康德甚至认为，土星之外更远的地方还有其他行星。事实上，在那里确实有天王星、海王星和其他矮行星。

XI 百科全书

▶▷ 18 世纪的主张

我们常说科学自 19 世纪末起取得了可观的发展，新的科学发现无论是在数量还是质量方面都是人类历史上任何一个时期无可比拟的。但是就此忽视 18 世纪的重要性是不公平的，这个时期被称为启蒙时代，不仅仅是在社会生活方面，还包括经济和科学方面。很明显，如果没有启蒙时代取得的进步，就没有自 19 世纪末开始的知识腾飞和后续的社会经济的发展。事实上，工业革命在欧洲以及后来北美洲的普及，意味着一种特别重要的社会和经济变革，不但体现在制造业——得益于蒸汽机——而且在基础科学问题上也有体现，特别是那些宇宙学问题。

我们看到了在 17 世纪理性是如何在探索和理解自然现象时逐渐取代信仰的。这种理性思维方式打破了许多个世纪以来的墨守成规，并开始实际应用在许多方面，而且在狄德罗和达朗贝尔的《百科全书》中熠熠闪光。这部《百科全书》收录了截至 18 世纪人类已知的知识。虽然狄德罗是一位哲学家，而达朗贝尔是一位数学家，但他们都投身于这部科学和技术编年史的编撰。

　　百科全书这个词在希腊语里的意思是基础教育，或者说完整教育。而这样的著作目的在于精简知识，将其按照不同的专题分类，并以字母顺序排列。

　　第一次尝试应该是中世纪的《大宝鉴》，由法国多明我会修士博韦的樊尚受命于国王路易九世（圣路易）于 13 世纪中叶编撰而成；这本著作是对那个时代人类的知识很好的总结，但是因为总是受到基督教义的引导而存在根本性缺点，正因如此，在天文学专题中，作者秉持了那个时代宗教的宇宙起源说，实质上就是托勒密的学说，即地心说。

　　到了 17 世纪，第一部真正的百科全书是英国共济会员伊弗雷姆·钱伯斯（1680—1740 年）于 1728 年在伦敦出版的，使用的名字是《百科全书，或艺术与科学通用字典》。[1] 这部著作分为两册，可以订阅，在当时的英国取得了巨大的成功，钱伯斯也因此被提名为著名的皇家学会成员。

　　出版商看到这部作品的巨大成就，因此想将其翻译成法语；但他们选中的英国译者却遇到了很多问题。最终这个重任落到了哲学家德尼·狄德罗（1713—1784 年）和他的朋友数学家及作家让·勒朗·达朗贝尔（1717—1783 年）身上。狄德罗当时已经在翻译一部英语的医学通用词典。他们旋即意识到钱伯斯的著作非常不完整，因此，他们重新以法语将其补充完整，过程中他们曾向 130 位投稿人约稿，其中一些非常杰出，比如伏尔泰和卢梭。

---

[1]　通常也称为《钱伯斯百科全书》。——译者注

第一卷于 1751 年完成，并获得了重大成功。狄德罗写的《初步论断》即使是放在启蒙时代，也算是比较激进的有关基本原理的论述。其内容着墨于进步和理性，脱离任何形式的宗教和君主的影响。这些言论随后不单单是被禁止，甚至还被纳入天主教的禁书目录之中。

1762 年驱逐耶稣会士之后，虽然禁令还未解除，但是这部百科全书已经写成的部分以匿名形式，在外国出版后又重新回到人们的视野。最后的部分于 1772 年完成，标志着这部著作的完结。最终的百科全书共 35 册，其中包括 2 册表格和图表，12 册非常完整而详细的插图，这个版本的百科全书被称为"巴黎基本版"。当时一共出版了 4225 册，创造了那个时代的纪录。

这部百科全书的内容可以说包罗万象；当然包括科学专题，尤其是天文学。从 1728 年开始，得益于前文提及的布拉德雷光学实验和他发现的光行差，人们充分了解地球的运动。此外，由于沙特莱夫人翻译且批注了牛顿的著作，并在其去世十年后的 1759 年出版，牛顿的思想在法国产生了广泛的影响。而且直到今天，沙特莱夫人的法语译作仍然被认为是人们学习牛顿著作的参考。

对于百科全书的作者而言，天文学的文章必须要按照哥白尼和伽利略一个世纪以前所提出的方式来构想宇宙。就在百科全书第一册的《初步论断》中，达朗贝尔严肃地批判了教会在 1633 年审判伽利略时滥用刑罚。他的言辞绝对是外交辞令："著名的天文学家伽利略因为捍卫地球是旋转的这一观点，就遭到了宗教法庭的判决 [……]。宗教权威就是这样滥用权力来阻止理性的发声，他们就差阻止人类思考了。"

▶▷　百科全书的影响

　　许多新进的关于天文学和宇宙学专题的内容贯穿于百科全书的不同版本之中，这些内容均没有提及宇宙的神之起源。这种思维的方式，我们如今将其划分为自由主义和世俗的范畴，在当时取得了越来越广的实际应用，正因如此才有了我们今天熟知的工业革命。得益于商业和新的科技，特别是蒸汽机，欧洲列强逐渐积累了在经济上的财富，其中尤为突出的是 18 世纪后半叶和 19世纪的英国，正是这些财富驱动了工业革命。

　　工业革命不仅令英国成为 19 世纪世界上最强大的国家，其殖民地遍布全球——他们如今成为英联邦国家——而且逐渐帮助其他加入工业革命行列的欧洲和美洲国家，特别是美国，完成前所未有的科学和社会的发展。如今，我们将世界人口的加速增长和自然资源的消耗与生物圈的逐步退化关联在一起，这是由于人类活动，特别是来自第一世界，对环境造成影响。

　　人口的增长在 19 世纪末非常显著。如果在两千年前的罗马帝国时期世界人口估计大概有 2.5 亿，这个数字到了伽利略去世的 17 世纪中叶也只是翻倍，人类总数在那时达到了 5 亿。这个数字再次翻倍仅花费了很短的时间，因为人口在一个半世纪之后的 19世纪初就达到了 10 亿。而人口还在与日俱增：1920 年是 20 亿，1960 年是 30 亿，1975 年是 40 亿……到了今天，2015 年，人口大约是 75 亿。以上都是工业革命和科学技术进步的结果,这其中当然包括医疗水平的提高,以及天文学的发展。事实上,最初的现代宇宙学概念在 20 世纪初才开始落实,包括爱因斯坦的广义相对论以及勒梅特和哈勃的大爆炸理论。

最近的一个世纪内,伴随各类型工业工厂数量的增加,越来越多的商品被生产制造出来,为资本家赚取了更多的财富,也带来了更大量的带薪工作。总之,流动的财富越来越多,因此,也有更多的可能性去开展新的活动。

尽管两次世界大战带来了短暂的停滞,但是人类生活各个方面的改善速度都显著地增加。由于农村居民涌向城市,以及物质和服务的高度集中,大型城市的增长也非常令人惊叹。

与此同时,加速制造各类商品要求获取原材料的速度也在增加。劳动力越来越多,也因此最终会变得越来越廉价,而一些发展中国家会去承担那些商品和服务的制造。

工业发展取得伟大成就的同时也带来了奴役,曾经是,现在依然是。如今因为生活在地球上的人口加速增长,地球承受着前所未有的苦难。这暗示着人口爆炸式的增长对周遭自然环境的影响越来越大,其特征就是消耗不可再生资源,以及排放大量被人类废弃的有毒元素。我们逐步成为一个以进步和发展为基础的社会,至少发达国家的确如此,但与此同时,或许是无心而为之,我们的文明也变成一个真正的垃圾文明。

第三部分

大爆炸至今

XII 宇宙最初的三分钟

▶▷ 科学是否能够无所不知？

这个问题是中性的，但是答案明显是否定的。科学怎么可能无所不知？现在当然不行，或许永远都不可能。关于宇宙初始瞬间以及后续演变的研究就是很好的例子：我们知道一些，但是我们不知道的更多。

人们总是喜欢类似是或否、黑或白、好或坏这样明确的论述。但是在科学知识的世界里，只有极少数情况可以如此清晰明了；科学方法仅能给我们提供相对的正确。或者说，当没有反例可行，并能够借此进行预测且之后可以验证，那么就可以说是正确的。另外，"正确"的相对性也分高低。

尤其是在现代宇宙学的复杂问题上，我们有许多的假设与我们的所知一致，而且可以借助数学来论证其可行性。但是糟糕的是，我们没有办法实施任何实验来验证这些假设，而只能依靠间接的观察来确认这些假设。或者说，至少观察结果没有与之矛盾。

不同于其他学科中知识的稳固，在宇宙学的研究中我们是在流沙中前行。但是，如果细究，所有的人类活动都充满了不确定性和质疑，很少有绝对的情况。即使是法官，在解读法律时，有时对同一种行为也会做出相互矛盾的判断。

很显然，宇宙科学是近年来才有的学科。我们现在依靠的复杂工具——强大的望远镜、观测卫星、宇宙飞船、粒子加速器——存在的时间更短。尽管科学和技术有了如此的进步，我们人类依然无法摒弃某些古旧的想法，而这些想法限制了许多杰出的科学家。

我们尝试概括宇宙学的论述，这是目前大多数宇宙学方面的科学家们所持之见。毫无疑问，这个共识基于最近的大量实验和观测。那些经过严密验证的学科和大量的技术应用促进了这些实验和观测的进步，包括微电子、计算机、量子力学。

尽管本书基于大多数人的共识，即存在最初的大爆炸，我们也会在个别话题中引用其他争议，以及一些不同情境下提出的替代性理论。

当然，在最近的两个世纪内，我们积累了越来越多有关宇宙起源、演化及可能的结局的证据。有了这些证据，我们逐渐发展出来一些理论，大胆回应了我们从灵猴转变为聪明的人类之初就在思考的基本问题：我们从哪里来？我们到哪里去？

波特兰·罗素说：科学的目的不是建立不变的事实和永恒的教条，而是通过不断尝试来逼近真相，在某些中间阶段，并不能宣称对真相的探索已经完成。罗素的这个观点维护了科学领域的真相和事实，并被应用于相对论。

罗素这段话不但聪明，而且足够谦虚。因为这意味着我们现在没有，将来也不会对我们所知的一切百分之百肯定。尽管如此，在一定的条件下，我们现有的知识无疑已经非常接近绝对的真相。

在逐步接近我们所谓"最佳真相"的过程中，如今已知的有关宇宙的开始和结束的知识还距离目标很远。毫无疑问，普罗大众接受大爆炸理论（我们可以将其翻译成"Gran Bum"，[1] 或者，如果我们不喜欢象声词，我们可以用"Gran Explosión"），而这个有点幼稚的名词其实是英国天文学家弗雷德·霍伊尔（1915—2001 年）发明的，其目的是嘲笑一篇在他看来站不住脚的论文。但令人吃惊的是，这个名词很快流行起来。

当今的科学尽管有很多关于宇宙起源的理论，但尚不知晓真相。在一定程度上可信的解释是从大爆炸最初极为短暂的瞬间到今天之间所发生的事情。

至于宇宙的未来，我们面临同样的问题，甚至没有达成任何共识：现代宇宙学不知道整个宇宙未来会发生什么。尽管基于近些年我们积累的证据提出了若干假设，但这些证据仍呈现出很多估计和测量方面的不确定性，因此，这些假设中也没有明显的优劣。

放眼当下，尽管宇宙中距离我们很遥远的元素仍然不为所知，但我们依然能够说我们足够了解自己在哪里，我们周围是什么，整个宇宙机器如何运转……当然，一如既往地有所保留。

▶▷ 面对疑虑，开放思维，展开想象

有趣的是，大爆炸这个表述没有什么意义。因为宇宙是从一

---

[1] Bum 为英文单词 Boom 根据西班牙语发音拼写的单词。——译者注

个无穷小的点开始，所以这个起源既不是爆炸，而且很可能也不算很大。科学家非常抽象地将其定义为"密度无穷大的时空奇点"。这在数学上可能有意义，但是对于普通人是很难理解的。我们将在这里试图阐明。

在数学家的抽象世界中，可能也存在于真实的物理世界中——但是我们并不知道——奇点破坏了某种函数或者某种现象的连续性，在断裂处介入了某种无限。

关于这个无限，虽然需要比本书篇幅更长的解释去理解，但是并不难去意会：当一个物体不断增长，或者不断远离，永远没有尽头，因为所谓的尽头并不存在，我们就可以说无穷增长或者无穷远离。所以，无穷是无法触及的；既不是一个地方，也不是一个数字，它是全部，也什么都不是。可以说，这是"无止境的"（与物理上物体的边界相反）。

数学家们生活在抽象世界，对于处理这个无限不存在任何问题，甚至使用符号∞来表示无限，这个符号像一个平躺的数字8。尽管无限不是一个数字，但是数学家们却可以应用于计算之中。比如，无限＋无限＝无限，但与此同时，无限－无限＝无限。

在物理的世界无限也有意义吗？或者说，它只是数学的想象力？确定的是在牛顿之前，没人敢严谨地探索无限，因为无限会把我们引向超自然，或者说，引向诸神。

但是借助牛顿发明的微积分学（莱布尼茨和牛顿竞争微积分的发明者），这一切起了变化。两位智者所发明的数学分析方法区别于代数，代数仅可以应用在可运算的集合，而微积分应用于无限的集合。

在现实世界中是否存在无限的集合？毫无疑问如此。微积分学的基础正是将有限的元素划分为无限。通过著名的微分等式可以运算那些无限小，这可以很好地解释现实世界中的某些现象。如果没有微积分，现代科技可能也不会存在，因此，可以说科技是微积分在现实世界中的体现。积分是指在可衡量的世界中将那些无法测量的无穷小整合起来。

举个例子，19 世纪中叶，牛顿之后大约两个世纪的麦克斯韦提出的电磁学定律，将磁和电统一成为单一的电磁，电磁像光和热一样有辐射，同样也像射频或者 X 光一样有波。爱因斯坦认为詹姆斯·克拉克·麦克斯韦（1831—1879 年）是继牛顿后成果最丰富也最有成效的物理学家。电磁学定律应用于我们现代世界的方方面面（广播和电视、电力和电子，等等），其基本方程式使用了奇点的概念；比如说，电磁学定律预测在一个没有纬度的空间里，如果存在一个电荷，那么这个电荷的电场是无限大的。

物理学家不断在现实世界的常见现象中发现其他数学奇点的例子。当解释时间和空间上都非常遥远的宇宙的问题时也提到了奇点。比如说，黑洞和大爆炸。尽管想象一个没有尽头的东西很难，但这种无限的的确确存在于现实世界之中。在牛顿和莱布尼茨不断切分以取得最小距离的过程中，他们想：总是可以通过切分来获得更小的距离，直到无穷小（但不是不存在），或者说微分。而此时就是关键所在：我们可以确定的是，那些无穷小的微分元素加起来就可以得到最初的有限。

很复杂，是不是？这毋庸置疑，但是，在解释宇宙起源的时候又是难以避免的。当然，这跟《圣经》中描述的基督教宇宙起源说相去甚远：上帝用六天的时间创造了世界，第七天休息。

▶▷　四维空间

让我们回到之前提到的大爆炸定义：时空中密度无限大的奇点。我们已经讲了奇点和无限这些概念是什么意思。但还有一些其他概念需要解释；四维时空和密度无限大。

通过爱因斯坦的研究我们才知道时间不是绝对的，而是取决于在衡量时间的三维空间中的位置和位移的速度。这意味着时间和我们相对一个参照物移动的速度有关。

对于这个的解释很简单。当我们说西班牙高铁的时速是 300 千米，我们理解的是高铁以 300 千米／时的速度移动，而这个速度是相对于一个固定参照物而言的，高铁移动过程中窗外的风景也因此而移动。但是对于在阅读报纸的旅客而言，他的参照物是其他的旅客，车厢、报纸……或者说，对于旅客来说，是车窗外的风景以 300 千米／时的速度向后移动。

于是，时间和时间的度量取决于我们在宇宙中移动的速度。两个地方如果移动的速度不同，那么其所在地的时钟指向的时间也就不同，准确地说，这个时间差取决于两个地方的速度差。所以说，时间是相对的。

这是爱因斯坦相对论最重要的影响之一。顺便说一下，相对论可以应用在西班牙高铁的例子上；只不过，300千米的时速对于火车而言足够快，但是相对于光速而言却慢得可怜。时间相对论中就涉及光速。

如此一来，从爱因斯坦开始，我们认为不能简单地通过三个维度来看宇宙，而是要考虑第四个维度——时间维度。

至于密度无限大，是我们无法想象的，而且也不容易解释。密度是物体质量和体积的比值，单位是千克每立方米；比重往往使用数字，来规避单位的问题。比重是某个物体的密度和参照物密度的比值，而这个参照物往往是水（其密度是一千克每立方分米）。比如说，铅的比重是11.3；或者说，同样体积的铅的质量是水的11.3倍。

而大爆炸，在没有维度的一个点上，或者说一个无限小的点，其密度非常非常大……以至于无限大。看起来不可思议，当然，在我们的日常世界是不可能的，但却可以在物理世界中合理存在：这就是奇点。

我们看到数学家使用符号 ∝ 可以很容易运用无限。一般来说，基于这个和很多其他原因，现代物理学越来越依赖数学语言，在描述现实世界的某些方面时这比文字要更加有用。

在接下来的篇幅中，我们的想象必须要驰骋起来，打破我们对于周围世界的认识：我们将谈及时间上非常短暂的瞬间，比如十万亿分之一秒。我们所面对的微小体积，也不像针头或雾滴那样，而是比它们还要小得多。

举例来说，电子（尽管我们不清楚电子是什么，但是它存在于各种现代家用电器之中，而为我们提供照明、让机器运转的电，都是因为电子从导线中流过而产生的）的大小只有千万万亿分之一米。我们写出来是：0.000000000000000001 米（18 个零）。无论是想象还是文字都无法描述电子，但好在数学可以；比如，我们在本科时期学的非常实用的十次方。我们可以说电子的大小是 10^{-18} 米。

物理学家在使用量子理论进行研究活动时所使用的最小长度是所谓的普朗克长度。如果用米来衡量普朗克长度，那么是 35 个零（不再是电子的 18 个零）。如果小于 10^{-35} 米，那么物理就不再有意义。

▶▷　**量子力学的出现**

马克思·普朗克（1858—1947 年），1918 年诺贝尔物理学奖得主，是新的量子力学的主要创始人之一。这门新的物理学分支仅应用于微观粒子的世界，这个微观世界具有我们日常世界难以理解的特性。量子力学在大爆炸理论产生的过程中也得以应用；因此，粒子物理学家和天体物理学家的工作越来越接近。

量子力学在原子和亚原子级别得以应用，因为这个级别经典力学以及与其互补的相对论都不再起作用。事实上，现代物理学家的主要挑战之一就是发现一种量子引力的理论，尽管不乏一些假设，但我们对此领域还一无所知。不管怎样，普朗克计算得出距离、时间和质量的微小单位（根据著名的爱因斯坦方程式

$E=mc^2$，质量和能量是等价的）。

在原子级别，如果假设基本粒子可以分解，进而发现更为基本的组成部分，那么质量（或者说能量）的单位则是巨大的，因为这和分解一个粒子所需的能量有关。直到今天，我们知道基本粒子无法进一步分解；但是（真的如此吗）……当然，爱因斯坦的方程式给了我们关键：c^2，也就是说，光速的平方。或者说，3亿（米每秒）的平方：10^{17}，一百万万亿！

可以看出来，大约一个多世纪之前，当科学家们尝试理解宇宙起源和其基本组成部分的微观世界时，他们就遇到这些数量级的问题。那么毫无疑问，对于普通读者而言，所有这一切都很复杂……

我们知道，不管怎样，如果小于普朗克长度（请记住，是 10^{-35} 米），物理学就不再有意义。同样的情况也发生于普朗克时间上，有人将这个时间的基础单位称为量子时间：10^{-43} 秒（一共是 43 个零）。这段极短的时间取决于普朗克长度，因为是光走完普朗克长度所需的时间。

它们不是随意的数字，而是根据由原子和宇宙中的力构成的真实世界中的事件计算而来的，所以，与我们的认知相符。正是由于这些计算，我们才能够获得日常实用的科技应用，却不知道其背后存在奇怪的量子力学，如激光、等离子屏幕或者 LED 灯泡。我们面对的不是任何教义或神秘的启示，而仅仅是一整套实验和经过验证的计算，不管它们看起来是多么的令人诧异，甚至是不可思议。科学正是由来于此。

为了理解大爆炸之后发生的事件，我们不可避免地要涉及现代物理学领域。我们尽量不使用数学公式，也不借助任何难以理解的词汇；然而，我们难以避免地要明确一些晦涩甚至是不常用的概念，而这些概念反而在复杂问题中有一些不同的含义。

我们从物质的微观结构及其最基础组成部分开始，我们称之为基本粒子。然后，我们再分析控制这些物质粒子的力量，宇宙中仅存在的四种力。最后，我们看一下某些已知的概念在宇宙学领域所获得的其他含义，比如能量。

A. 物质及其粒子

我们已知的物质由分子组成，而分子由原子组成；在这个尺度，有生命和无生命的物质是一样的。而原子由致密的原子核和环绕周围的很轻的电子（一个电子比一个质子或中子轻大约2000倍）组成，原子核由质子和中子构成；唯一一个没有中子的原子核是氢原子，它只有一个质子，是最轻的原子。

质子带有正电荷，中子则不带电荷（电中性）。至于电子，它们是简单的粒子，或者说，电子因为不可分割，所以是最基本的粒子（就目前我们的所知而言）；电子的电荷数和质子一样，但是极性相反。换言之，因为原子核的质子所带电荷被外围电子所带电荷中和，所以原子是电中性的。

与电子相反，质子和中子不是基本的粒子：它们由三种更小的粒子组成，这些更小的粒子被称为夸克。夸克是基本粒子，有两种类型：u 和 d（英语中是 up 和 down，或者说上和下）。质子是

uud，而中子是 udd。

质子的平均寿命大约是 1035 年，这意味着质子几乎是永恒的。中子则有所不同，其平均寿命只有 1/4 小时（886 秒）。中子分解后，形成一个质子，一个电子和一个反中微子（反物质粒子）。因此，中子比质子略微重一点，其电中性（其名字由此而来）是一个质子加一个电子的结果。

严格来说，电子的质量是 9.11×10^{-31} 千克。

质子的质量则是其 1830 倍，准确地说是 1.672×10^{-27} 千克。

而中子，稍微重一点，1.675×10^{-27} 千克。

中子是原子达到稳定状态所不可或缺的（很轻的氢原子除外，它只有一个质子）。有时候过多的中子会令原子具有放射性，这意味着原子核自发地分裂成两个更小的原子核，除了热量还释放了其他粒子；这个过程不断持续，直到达到质量更轻的稳定原子核。

提到反中微子时，我们已经在钻研一个全新的概念：反物质。所有基本粒子都有其对应的反粒子，反粒子在现实世界并不存在，但是有时出现在能量巨大的反应之中；比如说，很多医院可以通过 PET 成像；PET 中的 P 就出自 positrón（正电子）的首字母，正电子是电子的反粒子（和电子一模一样，但是带有正电荷）。

为了方便，不同自然元素的原子以原子序数来命名，从 1 到 90。原子序数不仅仅是一个根据质量来排序的数字（1 就是最轻的氢原子；2 是第二轻的氦原子；然后依次下去）；而且也表示原子核中存在的质子数量（和外围的电子数量一致）。

原子间另一个不同的特征是原子质量，连同原子序数一起可以识别特定的原子。因为电子的质量很小，原子质量是质子和中子质量之和。

奇特的是，同一个元素在自然中存在不同类型的原子核，包含或多或少的电子，但是质子的数量是一样的。这些不同的原子叫作同位素；如果不稳定而具有放射性，则被称为放射性同位素。比如说，简单的氢原子的原子核只有一个质子，但是在大自然中存在另一个氢原子（氘，或者重氢），其原子核有一个质子和一个中子。甚至有第三个自然同位素，放射性元素氚，包含一个质子和两个中子。

自然界最轻的四个原子在大爆炸之后才刚刚形成；其他的原子都是更晚些才在那些较为活跃的恒星内部出现。

在自然界一共存在90种不同的原子：从第1号氢到第92号铀。其中有两个原子是人造原子（人类创造了它们）：第43号锝和第61号钷。除了这90个自然原子，还应该包括它们的自然同位素，其中一些不只有一个同位素（我们已经看到氢就有三个同位素）。

如今我们知道超过100个的不同原子；所有那些不在这90个自然原子列表上的都是人造原子，也都是具有放射性的原子。也就是说，这些放射性原子是不稳定的，并逐渐转化成为越来越轻的元素，释放出热量和其他粒子。那些较轻的原子可能同样也是放射性的；如果是，这个过程会逐渐衰减（不同的原子衰减的速度不同），直到反应停止，而所有的同位素都归于稳定。放射性从字面上来看也曾是中世纪炼金术士寻找的物质的蜕变。

至于基本的粒子，只有四种：已经提到的两种夸克，u 和 d；

还有两种轻子，电子和中微子。当放射性原子核中的质子和中子分离的时候就会出现中微子；中微子没有质量，也没有电荷（是很小的中子，一种小中子），永远以光速移动。两种夸克和电子都有质量，但是中微子没有（如果有质量的话，也许会停下来）。

如今宇宙存在的物质均由这四种基本粒子组成。但是根据假设，在很高的能量水平上，比如大爆炸之后的初始瞬间，还有另外两个"粒子族"，每一个"粒子族"都由两个夸克和两个轻子组成。在现实世界中，这些粒子仅仅在极高的能量水平上才可能存在，通过大型的粒子加速器在极短的瞬间可以获取。

B. 四种力

在整个宇宙仅存在四种力：引力、强核力、弱核力和电磁力。引力相比另外三种力量显得非常弱；只有大质量的物体（行星、恒星……）之间才能探测到引力。核力只在原子内部作用。电磁力则是无处不在。

所有的力，或称相互作用，都是通过交换一些非常特殊的能量粒子来体现的，这些能量粒子被称为媒介玻色子（英语是 gauge bosons）。比如说，电磁力的玻色子叫作光子，强核力的玻色子叫作胶子，引力的叫作引力子（尽管尚未探测到）；弱核力的玻色子以字母命名（w，z）。

媒介玻色子的作用是什么？举例来说，在电磁场中，一个像太阳一样的物体在发光（可见的光是一种电磁辐射），事实上它是在发射光子（电磁力玻色子）。明亮的电磁力的能量通过那些发射出来的光子达到我们的眼中；因此，它们是发射者和接受者之间名副其实的媒介。

引力和电磁力是没有界限的——作用于整个宇宙，但是其强度随着距离的平方而逐渐减弱：被作用的两个物体距离越近，它们之间的作用力越强。正是电磁力将原子核中质子和周围的电子吸引在一起，令原子维持稳定。如果没有电磁力，就不会有原子，进而也不会有物质。与此同时，引力维持了行星、恒星和整个宇宙中星系的运转。

相反，两种核力如其名字所示，仅作用于原子核内部，不会离开那里。与前两种力不同，当被作用的物体距离越远，核力就越强，将被作用的物体拉近到一定的距离（很短的距离）直到不能再分离。就好比我们试图分开一个强力弹簧的两端：我们越想分开两端，就越费力……因此，强核力的玻色子叫作胶子（英语是 gluon，衍生自 glue 这个词）。

核力对于维持基本粒子是必不可少的。如果没有这些作用力，就没有原子核，因此也没有原子。另外，两种作用力对于物质的存在也是不可或缺的。

一般来说，玻色子没有质量，除了弱核力玻色子（或许引力子也有质量，但是我们对于它还知之甚少）。

玻色子的一种特殊类型，和四种基本作用力毫无关系，而是跟确定的粒子质量有关，它就是希格斯玻色子。希格斯玻色子大约半个多世纪之前就被预测，但直到 2012 年才被探测到。

C. 概念和不同寻常的单位

在这些宇宙学范畴的问题上，所用的虽是常见单位和概念，但是在数量级上非常巨大或者非常微小。

能量

通常能量的单位是焦耳（施加 1 牛顿作用力经过 1 米距离所需的能量），等于 1 瓦特功率在 1 秒时间内所做的功；它以英国物理学家詹姆斯·焦耳（1818—1889 年）来命名。因此，焦耳是一个小的单位。举例来说，计算电能的单位千瓦时，相当于 360 万焦耳。

但是，在基本粒子这个级别，因为其体积和力量相比日常生活都要微小，焦耳就显得巨大。所使用的是电子伏特（eV），它是 1 个电子经过 1 伏特的电位差所获得的能量。相当于 1.6×10^{-19} 焦耳；还记得质量和能量之间的等价关系（$E=mc^2$），电子伏特相当于 1.8×10^{-36} 千克。因此，即使在原子这个级别，电子伏特也是一个非常微小的单位。在基本粒子以及宇宙最初的高能量的世界里，使用的是电子伏特的倍数，比如吉咖（十亿电子伏特，GeV）或太拉（万亿电子伏特，TeV）。

温度

气体，恒星内部的高温等离子体或者大爆炸后的宇宙的温度取决于在气体或等离子中移动的粒子的能量。因此，有时候表述大爆炸之后瞬间能量值的单位并不是开尔文。1 开尔文（K）和 1 摄氏度（℃，或简写 C）是等值的；但是，开尔文的零度有所不同。

开尔文零度表示物体完全没有能量。因此，也称为绝对零度；相当于 –273.15 ℃，是无法达到的。因为没有比开尔文零度更低的温度，所以开尔文温度的刻度永远是正数。相反，开尔文温度没有上限；比如说，大爆炸刚刚结束时的温度是数千万亿开尔文。

辐射

辐射是能量通过波的传播，一般是球形而从一个中心点向外呈放射状扩张（我们因此称为辐射）。波有三个特征：波长、频率（这两点都跟波的传播速度成反比）和强度。以海浪举例（波在海面传播），波长是浪与浪之间的距离，频率是每秒钟或每分钟浪的数量，强度则是浪的高度。

宇宙的四种基本力（引力、电磁力、强核力和弱核力）施加的能量都以辐射的形式传播。在整个宇宙内无处不在的正是我们所看到的电磁辐射（引力作用非常弱，而且不作用于粒子世界，而核作用力仅在粒子世界的原子核内起作用）。

辐射所携带的能量取决于辐射的频率；频率越高（也可以说波长越短），能量越大。比如说，红外线辐射的光子的频率是 10^{13} 赫兹（每秒震动十万亿次），所携带的能量是 0.01 eV。而具有穿透力的伽马射线的光子的频率为 10^{25} 赫兹，携带了数百万电子伏特的能量。

时间

时间的单位是秒。但是，在无限短暂的时间内必须使用十进分数：豪（10^{-3}）、微（10^{-6}）、纳（10^{-9}）、皮（10^{-12}）、飞（10^{-15}）、阿（10^{-18}）、仄（10^{-21}）和幺（10^{-24}）。比如说，1 幺秒是 10^{-24} 秒。

请记得普朗克时间比这个还小，是 10^{-43} 秒（在小数点之后有 42个零）。因此，必须要使用十的次方来表示。

相反，天文时间尺度非常巨大，因此，用秒计时显得不切实际。一般使用地球年，大概相当于 3150 万秒。大爆炸发生于大约138 亿年前；太阳出现于 50 亿年前；地球上最后一个冰河世纪结束于 1.1 万年前，等等。

距离

距离的单位是米，但是一般使用十进倍数和分数。在天文距离中，单位是光年，光在一年走过的距离，大约相当于 9.5 万亿千米（准确来说是 9460730472581 千米）。地球到太阳的距离平均来看，大约是 1.5 亿千米，一般称为 UA（天文单位）；相当于 8.3 光分。这意味着我们看到的日出，尽管是亲眼所见，但其实已经是 8 分钟之前发生的事情了。在大宇宙中，"同时"这个概念失去意义。

时间和距离也许是宇宙量级不可逾越的障碍。比如说，如果距离我们 200 光年（考虑到我们自己的星系银河系的直径是 10 万光年，200 光年只是一段很短的距离）之外的某个恒星系的行星上也有居民，它们的无线电波如果 200 年前发射，那么现在才能传到地球。而我们反馈的信息也将 200 年后到达。即便是与我们相邻的星系通讯，如此简单的一问一答也将花费四个世纪！

▶ ▷　**大爆炸**

提出大爆炸"之前"有什么这个问题是否有意义？事实上，

意义不是很大；如果我们承认时间和空间均诞生于大爆炸，那么"之前"就没有意义，因为既然不曾存在时间，那么何谈"之前"。什么都没有；绝对的虚无。

但是这是无法想象的。比如说，我们可以假设整个宇宙密闭在一个微小的球中，整个球的能量几乎无限，而且压缩到难以想象的程度。但是，也可能是另外的情况，比如说，一个微小的集合，其能量非常微弱，即使在大爆炸的时候，其能量也是零。

这怎么可能？是否有意义？

尽管看起来奇怪，这样的一些理论被认为和我们已知的假设保持一致，先验并非不可能。但很明显，也没有人可以证明其确实是正确的。

一种可能的解释是宇宙以真空存在于大爆炸中，即我们前文所提及的虚无。既没有物质，也没有能量，更没有时间；它是静止的。

听起来很无稽。如果什么都没有，连时间都没有，那么后来我们称之为宇宙的"它"是如何出现的？宇宙从无到有，应该是产生了一些突变。

所有这些有什么意义？它们属于一种广义理论"真空量子涨落"。这个理论虽然并不容易理解，但是可以对其理论基础加以解释：在宇宙的变化过程中，能量、电量等应该保持在一定的规模，而且物质和反物质之间亦维持平衡。若非如此，整个宇宙都将不存在。

那么，既然宇宙在大爆炸那一刻从绝对的虚无中诞生，其电量和能量就应该是零，同样，粒子和反粒子的数量之和应该也是零。这就是物理学理解的"绝对的虚无"。顺便一提，那些合计为零的情况如今也是如此：正负能量相等，正负电量相等。这并未阻止一个真正物质世界的存在，除了一个问题：目前物质和反物质的不平衡。我们观察到的全部是物质，没有反物质与其平衡。反物质仅出现于能量非常大的某些反应中，而且在跟物质的同质粒子结合的一瞬间就湮灭了。

这对于大爆炸理论而言是一个巨大的误区，一般来说，大爆炸理论要求物质中性，或者说物质和反物质之间存在平衡；但是，我们知道粒子和反粒子可以在非常高的温度下共存，比如说大爆炸之后几乎无限短的瞬间内所产生的温度那样。因此，的确存在同等数量的粒子和反粒子，只有当温度急剧降低它们才聚合然后湮灭。由于某个奇怪而且无法解释的波动，一小部分物质得以留存，也因此，如今在整个宇宙中得以占据主导地位。但是在大爆炸期间以及刚刚结束的瞬间，的确存在物质和反物质的平衡。

在量子力学中，绝对真空（虚无）可以被认为是粒子和虚拟的反粒子之和，这些粒子和反粒子随机产生和消亡，制造出一个永恒的绝对真空。在虚无中可以诞生某种类型的波动，这种波动只在量子级别可见，能够产生某种能量或电量，打破虚无的平衡。

根据量子力学理论，正是这种波动导致的不平衡打破了虚无，转化为正负能量，或者正负电量，又或者同时出现的粒子和反粒子。当粒子和反粒子结合在一起后就湮灭，然后再结合，周而复始的过程提升了正能量，几乎是转瞬即逝的霎那间，由于这种现象中的级联效应，能量从零增长到巨大。这就是大爆炸的起源。

有一些专家在接受这套理论的时候存在质疑，另外一些专家则断然拒绝接受。不论怎样，问题在于找到证据。不是说直接的证据，因为很明显不可能回到大约 138 亿年前的大爆炸时期，但是却可以是间接的证据。

关于大爆炸的另一假设是宇宙整体的密度可能过大（超过一定的临界值），这意味着目前的宇宙扩张最终会放慢速度，然后这个过程可能会翻转。整个宇宙届时会逐渐缩小，所有的星系相互接近，最终以一种反向的大爆炸作为结局，被称为大挤压。当达到一个瞬间，即普朗克时间，从大挤压会产生一个新的大爆炸。以此类推。在这个假设中，宇宙没有起点也没有终点，而是不断地振荡。

真空量子涨落，宇宙振荡理论以及其他理论显然只是理论物理学家们丰富想象的结果。它们难以理解并解释；如果我们突破这本书的通俗性，对这些理论加以解释，也只是证明科学在任何挑战面前都无所畏惧，而不是强加教条。所有提出的假设，随后都应该得到证明。

▶▷ 大爆炸结束后的瞬间：最初的三分钟

美国诺贝尔物理学奖得主史蒂芬·温伯格（1933 年生）于 1976 年完成其令人着迷的著作《宇宙最初的三分钟》。他需要用整整一本书，而且准确来讲是篇幅不短的一本书，来解释大爆炸刚刚结束后那些瞬间所发生的事情。在这本著作出版 40 年后的今天，我们对此有了更多的了解。比如说，最重要的事情发生在最初的第一秒。当然，直到大爆炸之后的第三分钟，也都还有事情发生，即使可能都无法超越第一秒；当谈及如此难以想象的事物时，需假设这是有一定意义的。

我们回到普朗克时间，大爆炸之后的 10^{-43} 秒，几乎是无限短的瞬间。自那一刻开始，物理学对于可能发生的事情都有相应的解释；但对于那一刻之前，没有解释；只有我们提及的理论。

为了在研究宇宙诞生的时候可以应用已知的物理定律，我们已经将大爆炸（或是真空量子涨落的产物）的数学奇点抛诸脑后。

通过天文望远镜和卫星观测到的间接数据和结果——仅举几例，比如巨型的哈勃太空望远镜和如今的韦伯太空望远镜，或者宇宙背景探测者卫星，威尔金森微波各向异性探测器和欧洲的普朗克卫星——来看，大爆炸之后那段无限短的普朗克时间内就产生了不同的过程，这些过程可以解释宇宙的起源以及稍后如何演变。

不是所有在这个领域工作的专家都接受大爆炸理论。的确，在大爆炸描述的宇宙起源中一直存在若干不清楚的论点，稍后我们会谈及，包括某些矛盾和未经验证的理论假设。但是大部分的科学家都认为，在普朗克时间中，整个宇宙应该集中在一个微小的空间（普朗克大小），空间由纯能量构成，分布均匀（具有均匀的结构和成分）并且各向同性（各个方向强度相同）。

分布均匀和各向同性是科学术语，在宇宙学中非常重要；我们随后还会多次提及。

谈论大爆炸后那个瞬间的温度没有任何意义，因为当时仅有能量，而没有其他。显然，自那一刻起，所有的一切逐渐向各个方向膨胀，并且缓慢地冷却下来；这个过程现在也还在继续。由此开始我们才能够谈论温度。

如果我们提出大爆炸是宇宙的零起点，那么我们接下来要分析的就是大爆炸"之后"的时期，这段时期是继早期演化后的阶段，永远为正：时间和空间伴随大爆炸而诞生。

零纪元：大爆炸

如果温度的概念在零纪元存在某种意义，那就是无限（如果有真空量子涨落，或者可能是绝对零度）。体积也是无限小，或者说为零：一个没有维度的点。时间不存在，为零；从大爆炸开始时间将只向前，不会有负的时间。

第一秒的 10^{-43}

这是普朗克时间，自此物理学定律才开始有意义。能量极强以至于产生一种数量级在 10^{32} 开尔文的温度。

自这个时刻我们就可以应用已知的和可计算的概念：尽管我们知道能量、时间和空间，但是对应的数量级非常之大（温度）或非常之小（时间和空间）对于想象而言都是个挑战。

在这个瞬间出现了时空，爱因斯坦称之为"空间和时间的连续统"，具有四个维度：我们可以感知的三维空间，朝向未来行进。

现代理论认为就是从此刻起第四个基本力引力开始与另外三

种基本力分离，另外三种彼时还连在一起：这是第一例"自发对称破缺"。引力连同其理论上的媒介玻色子引力子因为跟剩余三种基本力分开而得以存续下来。

第一秒的 10^{-36}

开始了一种奇怪的现象，其最好的解释——不是所有的专家都认可——可能是时空作为整体在很短的瞬间突然扩张，产生了第二次自发对称破缺（强核力与其他力分离）。自此开始，强核力就把后来形成原子核的夸克聚合在一起，自己则永久地封闭在原子核内。

这应该是一个极端爆炸性的过程，释放出巨大的能量，并成为这个"宇宙暴胀时期"的导火索。夸克、电子、中子和它们的反粒子也都出现。温度尽管降了一些，应该也有大约 10^{27} 开尔文。

第一秒的 10^{-32}

暴胀时期开始停止。从第一秒的 10^{-36} 到 10^{-32}，初期宇宙的扩张速度比此后任何时期都要快。媒介玻色子、等离子和前一瞬间出现的反粒子之中都蕴含着惊人的能量。

这个时候的温度是 10^{25} 开尔文。粒子聚集体的质量密度达到了每升数千万吨。

第一秒的 10^{-12}

宇宙继续膨胀和冷却，但是渐渐放慢速度，并且变得有规律。

宇宙这时已经诞生整整万亿分之一秒了。其温度已经降到了"仅仅"10^{15}开尔文，或者说1000万亿开尔文，这个条件下弱核力和电磁力得以分开，它们的玻色子（光子，w和z）也获得自由。

通过最后这次自发对称破缺开始出现的新的粒子，其中很多如今已经可以借助大型粒子加速器探测到，比如位于日内瓦的欧洲核子研究中心，因此得以重建那个遥远时刻所发生的事情。尽管如此，宇宙的能量依然超常，存在的粒子彼此无法聚合，也因此无法形成其他更大的粒子。

第一秒的 10^{-6}

当宇宙诞生满百万分之一秒时，宇宙的温度达到了10万亿开尔文。物理学家如今知道那意味着粒子间的碰撞能量达到一吉电子伏特的数量级，此条件下夸克得以聚合，形成质量更大的粒子，比如质子和中子。中子的形成要求更高的能量；也因此，自那时候起，中子的数量只有质子的1/5。但是尚未能形成原子核。

一秒

中微子出现，与其他粒子脱离并独立起来。宇宙的温度仅有100亿开尔文（10^{10}开尔文）。物质的粒子尚未能聚合，因为周围的能量依然惊人。

第3分钟到第5分钟之间

从宇宙诞生满三分钟之前的瞬间，直到第五分钟，产生了一种被称为宇宙核合成的现象，质子和中子最终得以和电子聚合在一起从而形成最初的物质原子。质子和电子配对诞生了氢原子，随后氢原子相互聚合形成其他质量更高的原子，比如氦原子等。氢和氦在那个时候的相对浓度——和目前非常相似——分别为总质量的 75% 和 25%。

在这个时期，温度从近 10 亿开尔文降到了"区区"100 万开尔文；对于继续形成质量高的元素这个温度已经非常低了。

接近第五分钟时，宇宙的体积已经不再微小，应该接近如今的一颗恒星大小。

在这些瞬间一共出现了以下元素：氢（原子核中有一个质子），占总质量的 75%；氘（氢的稳定的同位素，原子核中有一个质子和一个中子），占总质量的 0.01%；正常的氦（原子核中有两个质子，两个中子），占据总质量的 25%。在极微量的数量级，十万亿分之一，也形成了氚（氢的放射性同位素：一个质子，三个中子），轻氦（两个质子，一个中子），正常的锂和重锂（三个质子，三个和四个中子），以及正常的铍和重铍（四个质子，三个和四个中子）。

直到好几百年之后依然只有这些元素，而其他的元素（直到如今宇宙中现存的 90 个元素）及其同位素只能在恒星内部产生，温度大约为几百万开尔文。

▶▷ 宇宙学中几乎永恒的迷思

在继续描述大爆炸最初几分钟后所发生的事情之前，也许应该回顾刚刚提及的其他部分或者完全反对大爆炸的理论，尽管大部分专家都支持大爆炸这一论断。

这并不奇怪；当今世界享受的许多科技应用，从飞机或者等离子屏幕，到网络或人造卫星，都基于科学概念和定律，它们都是先被创建，然后多次经过验证。为了成为绝对的真理，我们需要一些不可能：通过实验得到的验证不应该是很多次，而是无限次。因此，我们应该接受的是在科学问题上，真理尽管看起来"毋庸置疑"，但是永远是相对的和暂时的。

但是飞机可以飞行，网络能够运行，等离子屏幕应用于电视，最新的药品治愈疾病，而卫星能够传送电视信号或者传递关于遥远宇宙的信息。这些科技应用背后蕴藏的科学可以不是绝对的真理，但是重要的是它们能够做出预测，而且这些预测确实奏效。

在宇宙学领域进行验证是不可能的，宇宙实验室无论是空间上还是时间上都难以实现。因此，对于发生在这么久远之前的事情，或者在许多光年之外正在发生的事情，该如何获得证据？

实质上，过去如何证明托勒密—亚里士多德的模型是错误的，如今也可以按照同样的思路进行验证。我们已经讲过哥白尼通过数学和逻辑学的方式，而伽利略借助他的望远镜开启了理解我们身处的宇宙的漫漫长路，而不必前往木星或是太阳。以相同的方式，在19世纪末以及整个20世纪，许多理论学家从数学角度证实了宇宙的起源。与此同时，日益复杂的仪器——用于观测的天文仪器，用于测量和侦测其他辐射的天体物理仪器，带有两个专业卫星的空间仪器——逐步提供了一些证据，否定或者肯定着前人提出的部分或全部理论和假设。

关于宇宙起源的大爆炸理论不是一个单纯的头脑发热而来的想法，像古人引入龙或者造物之神那样……事实上，它是一个内容丰富的推理过程，其基础是越来越令人惊诧而且精确的观测结果，这些结果揭示了一个持续膨胀的宇宙。

作为宇宙膨胀根源的大爆炸理论在近几十年来通过实验得到确认，而且经过严密的数学论证解决了大部分可能出现的问题……尽管不是全部问题。准确来讲，那些有待澄清的问题与粒子物理学家在解释物质的基本组成成分以及描述能量极高的遥远过去（如大爆炸刚结束时）所遇到的类似困难有关。

无论如何，彼此相距遥远（平均而言，而且大约是银河的规模）的天体在很久很久以前曾经相互紧邻，这揭示了宇宙最初是集中在一个起点，进而产生了如今我们观测到的宇宙向各个方向的爆炸性膨胀。

也许比利时物理学家——也是天主教徒——乔治·勒梅特（1894—1966年）就是从这里得出有关原始原子的想法，这也是霍伊尔发明的大爆炸在比利时的版本。他于1927年发表的一篇著名文章中首次提出"宇宙蛋"或者"原始原子"的理论。

勒梅特的工作基础是星系彼此之间远离的速度，这在不久前才刚刚计算出来。美国天文学家爱德温·哈勃（1889—1953年）在勒梅特之后两年发表了一套在他看来比大爆炸更为精确的理论，这套理论可以计算出星系和观察者之间的距离与星系远离速度之间的恒定关系，这个参数如今被称为"哈勃常数"。换言之，当一个星系距离观测者的距离越远，它远离的速度就越快。

如今实验发现，星系之间远离的速度可以更精确地测量，这支持了大爆炸理论。这是我们今天观测到的；而宇宙的膨胀或者最终会停止，然后反转，或者无限持续下去。这取决于宇宙的"曲线"（四维空间的曲线，跟我们所熟悉的曲线无关），这个曲线目前看来像个平面；这意味着宇宙的扩张可能无限持续下去，导致整个宇宙越来越大，越来越冷。

如果知道宇宙目前膨胀的速度，我们就能够尝试倒算出宇宙年龄的大概数字；或者说，大爆炸发生的大概时间。在哈勃的时代，这个数字大约是 100 亿年前。随后的计算将这个数字增加到大约 150 亿年前。最近这个数字已经相当精确了；于 2010 年，基于威尔金森微波各向异性探测器的数据获得的数字是 137 亿年 ±2 亿年前（或者说，在 135 亿到 139 亿年前之间）。两年之后，于 2014 年，从普朗克卫星的数据得出一个更为精确的数字：137.98 亿年 ±0.37 亿年前。也就是说，大爆炸发生在 137.61 亿年前到 138.35 亿年前之间。取整数的话大约是 138 亿年前。

然而不是所有的事情都这么清楚。比如说，我们提到的所有模型都基于同一个想法，即从宏观和平均的角度来看，宇宙是各向同性（不管什么方向强度都一致）和均匀分布的（在所有方向上物质和能量的数量相等）。但是很明显，宇宙的一部分几乎是真空的，而另外的部分聚集了很多星系。甚至在聚集了很多星系的区域内恒星的分布并不均匀。所有这些都跟各向同性相去甚远。

但是，如果在大爆炸时刻曾有一个没有维度的点（一个奇点），其能量无限高且密度无限大，那么宇宙在随后的膨胀中难道不应该维持最初质量和能量的均匀分布吗？事实看起来并非如此，而是打破了最初的对称。而我们并不知道原因……

第二个问题是我们依然不知道到底什么是大爆炸（或者不管它是什么），也不知道我们现在可以持续观测到的大爆炸后的宇宙膨胀为什么呈现不同的节奏（在最初的瞬间膨胀速度非常快，随后逐渐放慢，现在又有点加速）。

宇宙膨胀的整个过程就像一直在充气的气球，在气球表面画的点会彼此分离。这个过程不可能"从外部"想象，宇宙也不可能从外面观测，原因很简单，因为外面什么都没有。也不存在"外面"。所有的一切，包括我们人类在内，都处于这个四个维度的宇宙"内部"；一切都在自我增长，同时产生空间和时间。

很难想象，不是吗？因此，必须求助于数学术语，就像音乐家使用唱名作为音乐语言，借助的是五线谱和音符，而不是使用日常词汇。

有人认为宇宙由另一个也许由反物质构成的平行的宇宙组成，又或者，甚至存在其他上百万个宇宙，与此同时它们组成了超级巨大的物质大分子。但是要解释清楚的是：那只是科幻小说，甚至是幻想小说。没有任何的证据证实的确如此。我们以同样的方式可以想象"宇宙之外"还有更多：上帝，天堂或者地狱，英灵神殿，神的居所……这些都是信仰，只要不是强加于我们，就都是值得尊重的。但是它们超出了可观测的范围，没有任何证据。

而回到物理学，有些当代的实验证据支持大爆炸理论——比如说，威尔金森微波各向异性探测器和普朗克卫星，这些最新的卫星测量宇宙微波背景辐射所得到的数据。也有一些著名科学家使用这些证据得到了不同于主流观点的其他结论。他们的某些论述，尽管是少数派，但是却享有一定的声誉；而其他一些论述则因为过于富有想象力或者不太现实从而被否定。尽管这些理论各不相同，但它们成为主流宇宙学之外的其他声音。

主要的非标准宇宙学出现在 19 世纪 60 年代，在此之前，所有的宇宙模型都是静止的，尽管不可否认早期勒梅特和哈勃所取得的成绩。弗雷德·霍伊尔于 1948 年第一次开创性地提出宇宙大爆炸的观点。宇宙的起源竟是如此突然，使这个观点看起来太像是宗教创造，由于其不合逻辑而被人们拒绝。

霍伊尔对宇宙起源提出了不同的解读。在他之前，通过有限的方式观测到的宇宙不论在什么位置、什么时间看起来都一成不变；宇宙是静止的。

从逻辑的角度来看，膨胀带来平均密度的降低，这个理论假设存在一种持续产生的物质，在已经远离的星系原所在地出现的新星系中浓缩。总之，哈勃和许多 20 世纪中叶的科学家想象的宇宙不是诞生于某个瞬间，而是不断地自我创造，因此不停地增长。

后来，在可观测的宇宙范围内发现了类星体（"类似恒星"的天体），令宇宙不断膨胀的论述变得更加困难：如果那些很久以前诞生的星系距离我们如此遥远（大于 100 亿光年），那么认为古老的星系去向边缘，年轻的星系留在宇宙中心的想法就会崩坏。

类星体这一发现使大爆炸理论支持者的数量显著增加，当最新的宇宙背景探测设备——威尔金森微波各向异性探测器和普朗克卫星的数据得以传播，证实了宇宙微波背景辐射的分布后，支持大爆炸的人数甚至变得更多。微波背景辐射衡量了宇宙整体目前的平均温度，是射电天文学家阿诺·彭齐亚斯和罗伯特·威尔逊于 1965 年发现的（他们因此获得了 1978 年的诺贝尔奖）。

其他理论差不多也是基于宇宙源于爆炸这一主流假设而推理出来的。比如说，瑞典物理学家汉尼斯·阿尔文（1908—1995 年）所提出的等离子体宇宙学。或者，身为物理学家和等离子体专家的埃里克·勒纳（1947 年生）在一部有争议的著作《大爆炸未曾发生》中表述的观点。或者，物理学家卡尔·约翰·马斯列利斯（1939 年生，动力系统控制理论的世界级专家）提出的大规模宇宙扩张理论。还有以色列物理学家莫德采·米尔格若姆（1946 年），他支持牛顿万有引力公式修正（MOND），这最近由一位著名的物理学家及黑洞研究专家雅各布·大卫·贝肯斯坦（1947—2015 年）进一步改进。

XIII　星系，恒星……和太阳

▶▷　大爆炸的最初三分钟之后

经过大爆炸后的短暂几分钟，宇宙开始了较为缓慢的一个过程，值得一提的事件也更少了。几百年之后，开始出现一些星球，它们由前期产生的大量氢随机聚合而成，随着膨胀着的宇宙的体积不断增长，它们也逐渐散开。如我们前文所提及的，在当前宇宙范畴内观测到的那些原始星系被称为类星体。随后形成了恒星，以及恒星群，或者说是星系。许多的恒星周围应该形成了行星，它们是恒星燃烧的残渣。当宇宙走了目前生命的2/3时，诞生了一颗恒星，如同其他恒星一样普通，但是在它的其中一个行星上出现了令人惊奇的现象，据目前所知这是宇宙中独一无二的所在——生命。生命又孕育出更为不同寻常的智慧。

大爆炸后若干分钟，开始了电磁辐射的时代，并在35万年后达到高潮。在那个时期，宇宙的大部分能量都集中在光子中，光子和质子、电子，还有当时已经形成的氢原子核、氘原子核和氦原子核相互作用。

整个宇宙就好像是突然点亮；与人眼可见的光无关（离达到

这一步还相差几十亿年），这由不同频率的光子组成的"光"，残留至今就是宇宙微波背景，因为这种频率的微波是我们如今可以观测到的，对应的宇宙平均温度是 3 开尔文（-270℃）。

当时的宇宙已经经过了 35 万年，其平均温度已经降低至 3000 开尔文。最早的星系出现在宇宙大爆炸最初的约 5 亿年，那时尚且属于初期阶段。这些星系并不像我们如今通过望远镜观测到的星系，它们体积要小得多，只相当于一颗恒星的大小，但聚集了成千上万颗恒星的能量。

在那个时期，应该形成了最早的恒星和类星体。早期的恒星中大部分体积大、能量高，但是寿命很短。随后又形成了最早的星系，这些星系体积巨大。恒星的体积越小寿命越长；相反，体积较大的恒星一般寿命短暂。按照宇宙的时间量级，也就是几百万年的寿命。

大爆炸后 5 亿年的温度已经非常低了，其数量级大概是一百多开尔文（-170℃）。当宇宙的年龄达到数十亿年，其平均温度降低至 30 开尔文，即 -243℃；由引力凝聚随机分布且不太均匀的氢和氦而诞生了恒星，而恒星和类星体又形成了星系。

那些早期的巨型恒星内核里温度达到了几百万度，通过热核聚变，形成了比当时已存在的元素质量更大的元素，包括碳和氧，以及质量更大的元素原子核，比如铁。后来的其他恒星燃烧时，除了继续使用一些氦和大量的氢，还有某些早期巨型恒星灭亡后形成的质量更大的元素。这样继续下去渐渐形成了更多的恒星，它们又形成了星系。相比恒星之间的距离，各个星系无论是过去还是现在都相距更远。比如说，如今我们的银河系中恒星间的距离用光年衡量；但星系之间的距离得用几百万光年。

恒星不断地诞生和灭亡，在不断增加的大大小小星系之中聚集形成群体，这个过程持续了几十亿年。

尽管存在个别温度极高的星系和恒星，宇宙仍然是在持续缓慢地膨胀和冷却之中。不管怎样，当宇宙走了目前生命的 1/2 时，大约是 70 亿年，平均温度甚至不到 10 开尔文。如今，我们看到宇宙的平均温度仅有 3 开尔文（-270℃）。

宇宙最初形成的瞬间是以开始第一秒中无限小的片段来衡量，温度也是几万万亿开尔文。然而，宇宙大爆炸后的大部分生命周期内我们是以数百万年和接近绝对零度的温度来衡量宇宙事件。

在大爆炸之后的最初几个瞬间内宇宙膨胀的速度之快令人惊叹，其后事情发生的节奏从几百万分之一秒变为几百万年，如此减缓的方式也是奇怪。就好像是我们处在一个因为冷却而缓慢死亡的过程中，能量彼此逐渐分离，缓慢瘫痪，是个逐渐恶化的过程。不久前，一篇更像是哲学而非物理学的论文被认为可能解释宇宙的宿命；而现在基于卫星提供的最新结果，这篇论文又再度被质疑。

那段逐渐走向紊乱的过程，就好比走向绝对寒冷的一种慢性痛苦，间接给我们带来了熵的概念。整个宇宙的能量某种程度上在于最终可能消失，达到一种理论上的热寂。

德国物理学家鲁道夫·克劳修斯（1822—1888 年）于 1865 年将熵定义为无法继续做功的那部分能量。在自然过程中，能量的转换导致熵的增加，因为总有能量的流失，能量达到100%有效转化是不可能的（一台现代汽车发动机甚至利用不到30%）；这决定了热力学过程是不可逆的。在宇宙范围内，各处不同的熵汇总在一起；或者说，对于整个宇宙而言，因为热动力过程的不可逆性，熵会不停地增长。

就像能量一样，熵也不会被摧毁；但是相反，熵可以被创造出来。到了某个时刻，整个宇宙中熵会达到它的最大值，这意味着经过一段无限长的时间后，宇宙将在温度和膨胀的压力之间达到一种平衡；而这可能就是宇宙的热寂。这暗示着宇宙的膨胀将会无限期地持续下去，除非有什么我们今天尚未知晓的东西来制止宇宙的膨胀，并让其回到过去，或者有新的膨胀测量方法提供更为精确但却不同的结果。虽然这看起来不可能，但不是完全不可能。

▶▷ 恒　星

准确来说，恒星是什么？在夜空中，如果我们排除月亮以及其他我们肉眼可见的少数几颗行星，剩下的就只有恒星了。其中一些其实并不是恒星，比如说"流星"（它们是进入大气层的火流星和流星，由于和空气的摩擦而变得白炽）。行星在古代甚至也曾经被称为"徘徊的恒星"，希腊语是 planetes。

当然，恒星距离我们非常遥远；我们提到这个距离一般用光年来衡量，或者说几十万亿千米。如我们所知，太阳是距离我们最近的恒星——平均距离只有 1.5 亿千米——我们可以想象其他的恒星如果近距离去看应该一样的炽热和明亮，这个应该错不了。

今天我们知道恒星是大量的氢和一些氦因为引力作用聚合而成，也许还包括其他质量更大的原子核，它们随后还形成了恒星周围的行星。太阳系就是这样诞生的。我们习惯说"点亮"星星，因为它们开始以令人眼花缭乱的方式闪耀，发出各种类型的辐射。

根据常识，为了点燃物体则必须在这个物体上施加一定的能量，一般来说是热能。那么，从哪里来的能量足以开启一颗恒星的内部机制？

首先，明确一点：在地球上燃烧或点燃某个东西，意味着一种可燃物质强烈的氧化反应，这个氧化反应（被称为燃烧）释放很多的热和化学废物。放热的形式猛烈到在空气中以耀斑的形式照亮。

相反，在恒星上这个过程跟氧气和燃烧都没有关系，尽管我们出于类比称之为"氢燃烧""耀斑"等。恒星之所以发光是因为氢原子核（质子）和氦原子核之间的引力作用，它们越来越靠近，整体被压缩，发热，直到达到氢的热核聚变所需的温度（好几百万度），进而产生氘，然后是氦。这跟大爆炸后最初三分钟发生的事情类似，当时的质子和中子聚合产生了氢和氦。

或者说，在恒星的核心，从氢产生直到最后耗尽，部分环境条件跟宇宙在大爆炸后最初三分钟内的条件类似。

氢原子之间聚合形成氦原子的反应产生很大的能量，释放出大量的电磁辐射，包括红外辐射（热）和其他频率的辐射（从可见光到 X 和伽马射线），此外还有诸如中微子、电子和其他更多的粒子。总之，恒星发光发热，正如我们所熟知的太阳；我们不太恰当地将所有那些辐射和粒子统称为"太阳风"。

诺贝尔奖得主美国人汉斯·贝特（1906—2005 年）于 20 世纪中叶提出了解释恒星行为的关键，他不仅解释了恒星释放的能量从哪里来，还发现为了让氢原子核聚变需要某种催化剂，某种启动反应的火花。贝特提出了碳，如果没有碳，聚变温度还要高很多，差不多是大爆炸后最初 2—3 分钟的温度。

可惜，身陷第二次世界大战的美国人刚得知这个机制不久就想利用那些关于核裂变和氢原子聚变的最新研究研制出破坏力前所未有的炸弹。核裂变是断开质量大的原子核，比如铀或者钚。氢原子聚变是质量小的原子聚合形成质量更大的原子。

由此，美国人研制出了裂变弹，也就是原子弹，其中两枚被投放在了日本的广岛和长崎，迫使日本投降。氢弹出现得较晚；很不幸的是，氢弹比原子弹的威力还要强大，如今仅为某些国家拥有。幸好，氢弹还没有在任何战争中使用过；但愿热核聚变的现象继续只在恒星出现。

当最初的反应开始，氢聚合并最终生成氦，其反应过程中释放的能量导致恒星内部的温度大幅升高。这又给其他聚变反应的开始提供了可能，按此模式，最终开启了一个连锁反应，只有当氢消耗完毕才能停止。

恒星由氢组成，其核心的氢量决定了它的寿命。而恒星之所以是球形，是因为一方面氢和氦的引力作用会导致向内坍塌，内部的高温——记住，恒星内部的温度可达到成百上千万度——又导致其膨胀，恒星因此向外扩张。

向心引力和离心热力这两种力量最终平衡，于是产生了我们看到的球体，比如说，太阳。如果恒星上有很多的氢，那么它的体积就会很大；而由于同时发生更多的热核聚变反应，它的能量因此也会很大。这加速了氢的"消耗"和核内温度的升高，以至于它的平均寿命也比其他体积较小的恒星更为短暂。体积较小的恒星上温度较低，某种程度上约束了热核聚变反应。

一个很好的例子就是太阳，据我们目前所知，它是一颗中等恒星，既不像巨型恒星那样灭亡得很快，爆炸为超新星，也不像矮星那样小。我们独一无二的恒星太阳可能是由大量的氢和一些氦随机聚合而成，混合了一颗巨型超新星的残余，这颗超新星灭亡后在同一区域弥漫着多种质量较大的物质。那颗超新星应该出现在大约 70 亿年前，大约在 50 多亿年前灭亡。在那之后不久太阳形成，大约是 50 亿年前；而且剩下的氢还可以生成另一个太阳。总之，作为太阳"母星"的超新星仅存在了不到 20 亿年，而它的"子星"将存在大约五倍长的时间。

▶▷ 如何给恒星分类？

我们已经看到恒星有大有小，比如巨星和矮星。有些恒星看起来是红色，另一些是蓝色或白色，大多数呈现泛黄的白色。在最近的几个世纪，已经识别出非常多的类型，如今科学家们不仅使用一套分类，而所有的分类都基于越来越复杂的科学标准。

　　无论分类如何，恒星有一些共通特征。比如说，我们已经提到的恒星是球形，在极端高温下由等离子体形成，向外释放大量的能量，这些能量来自氢聚变形成氦的反应之中。恒星随着氢逐渐消耗殆尽而变老，其温度和密度的平衡可能会变化。如此一来，当恒星生命终结之时，会有越来越多的氦，氦的质量是氢的4倍，引力因此增加，温度也增加。恒星收缩，而这导致其温度进一步提升，产生质量越来越大的元素。

　　如果恒星最初的质量非常大，在恒星生命末期加速的升温过程可能产生越来越多质量很大的元素，收缩导致恒星不稳定，甚至爆炸。因此，恒星灭亡时会伴有极为耀眼的爆炸（从天文望远镜看去，就像是一个突然出现的星星，然后逐渐消失），我们称为超新星（一颗非常新的恒星）。在爆炸过程中，恒星内部的物质会发射到很远的地方，尤其是那些质量较大的原子。太阳的"母星"在太阳诞生之前就是这样爆炸从而消亡的。

　　但是，如果恒星最初的质量不大，那么它的结局会温和许多。一般来说，恒星的衰老过程缓慢，氢和氦陆续消耗殆尽，温度逐步降低。恒星先是膨胀很多，成为一颗巨大的红色球，然后重新慢慢收缩，最终变成一颗冰冷的恒星，密度很高，体积不大，也许成为一颗棕矮星。

　　那么，如何给恒星分类呢？最显而易见的通常是最简单的：如果一些恒星比另一些恒星更耀眼，我们可以根据它们的亮度进行分组。古代的先哲已经这么做了；第一位将恒星分类系统化的人是公元前二世纪的希腊人尼西亚的喜帕恰斯，我们前文已经提及。他是一位一丝不苟的自然界观测者，于公元前 134 年建立了第一套完整的目录，囊括不少于 850 颗可以目测到的恒星。

恒星的亮度应该是跟其体积以及到地球的距离成比例（一颗恒星因为距离较近可以看起来非常明亮，但其实体积却很小）。这套根据亮度给恒星分类的系统盛行了超过 15 个世纪。事实上，第一位将喜帕恰斯的方法系统化的天文学家是英国人诺曼·普森（1829—1891 年），他于 1856 年提出星等之间的亮度差异成指数增长。所以，一颗一等恒星的亮度是二等恒星的 2.512 倍，是六等恒星的 100 倍。

为什么是 2.512 倍？普森计算出来 100 的五次方根作为对数的基数，最亮的一等恒星数值为 1，而喜帕恰斯划分为六等恒星的值为 100（在此之外的恒星已经不可目测）。100 的五次方根不是一个有理数，大约就是 2.512。普森将二等恒星北极星作为参照物。

如今，借助精确的仪器可以测量视星等，这意味着存在一些恒星的星等为负数。也就是说，它们比一等星还要明亮。举例来说，太阳按照这种尺度来衡量，其星等是 –26.72。满月因为距离我们很近，其星等为 –12.6。而距离地球较近的行星也有非常高的星等：金星为 –4.4，木星为 –2.9，以及火星为 –2.8。

我们今天也能够计算所谓的绝对星等，按惯例，它是指把恒星放在 10 秒差距的位置时所呈现出的视星等（秒差距是太阳和地球的对角为 1 角秒时的距离；由 "1 角秒的视差" 组合而来，相当于 3.26 光年，大约是 31 万亿千米。也就是说用以衡量绝对星等的 10 秒差距相当于 32.6 光年——310 万亿千米）。

　　如果把所有的恒星都放在 10 秒差距的位置来看，它们的星等将会有很大变化。比如说，太阳从地球上看非常明亮（视星等为 –26.72），但是从距离为 32.6 光年之外的地方看，其绝对星等为 4。苍穹中最明亮的恒星天狼星的视星等为 –1.46，但是它的绝对星等却小得多，是 1.42（请记得，恒星的亮度在某种程度上跟星等成反比，星等越高亮度越低；反之亦然）。

　　为方便起见，现代天文学家继续使用恒星的亮度进行分类。有趣的是，喜帕恰斯最初如何将多样化的恒星仅分为六类。比如说，强大的哈勃空间望远镜所探测到最微弱的天体视星等是 30，甚至更大。换言之，这种分类是非常主观的，甚至是相当随意的；比如说，为什么认为北极星的星等为 2，或者为什么又认为织女星的星等为 1。

　　在 19 世纪初，光谱分析开始应用于研究天体的发光。天体的光谱就是将恒星的光分解成不同的颜色，或者没有颜色；这个光谱就像是每颗恒星的电子痕迹，通过所谓的谱线来衡量恒星。光谱分析给天体物理学家提供了一种很好的方式来识别恒星。

　　借助天体光谱我们能够根据天体的化学成分、表面温度、重力、体积、密度，甚至磁场或者转速将其进行重新分类。这种全新的分类逐渐深入宇宙学，而出于科普目的，根据亮度划分的星等依然被继续使用。

　　在这里详细列出恒星的分类有点过分，只要说一下主要类型就足够了。其中最热最亮的是 O 型星，它又被称为蓝色恒星，生命非常短暂（不过几百万年），表面温度在 30000—50000 开尔文。

稍微不那么炽热的恒星是蓝白恒星，B 型星，表面温度在 10000—30000 开尔文，而且质量极大，是太阳质量的 60 倍。其次是白色恒星，A 型星，表面温度在 7500—10000 开尔文，质量是太阳的 2—20 倍。然后是 F 型星，黄白色恒星，质量是太阳的 0.5—10 倍，表面温度在 6000—7500 开尔文。太阳属于 G 型黄色恒星，这一类恒星的表面温度在 4000—6000 开尔文，质量是太阳的 0.1（黄色矮星）—12 倍（黄色巨星）。再下来是 K 型星，橘色恒星，质量是太阳的 0.25—12 倍，表面温度在 3000—5000 开尔文。最后，M 型红色恒星（2000—3000 开尔文，寿命很长，质量是太阳的 0.2—20 倍）和 D 型白色矮星（自身几乎不发光）。按说只有黄色和橘色恒星可以有可居住的行星。其他的恒星释放过量的辐射，或者未能释放足够生命现象出现的热量。

▶▷　能量和物质

经过数十亿年形成现在的宇宙的过程极为复杂，为了理解这个过程，一个基本的问题是能量，这个概念我们在前文已经多次分析到。物质某种程度上也是高度集中的能量。

我们甚至不可能想象几百万度的高温是怎样的，但是的确可以从科学角度理解高温意味着带来能量；比如说，在太阳的内部温度高达上亿度，一颗热核弹爆炸的瞬间拥有同样的高温，这可怕的氢弹比最初的广岛原子弹的威力还要更强，杀伤力更猛。这两种情况，都是氢原子聚变反应生成氦原子的过程产生了巨大的能量。或者说，太阳以及其他恒星，都是一种持续在爆炸的巨型氢弹，而且还将持续几十亿年。

如我们所知，温度是能量的一种可能的表达，它与分子的运动有关联，分子动荡越大，温度越高。

所以，准确来讲能量本身到底是什么？这并不是一个容易定义的概念，理解起来更是不易。从学校开始，甚至在日常语言中，能量的概念对我们而言都非常熟悉，比如术语机械能、热能、电能、势能……但是，我们是否知道能量由什么构成？它的本质又是什么？

从科学意义上说，能量这个词的概念跟做功的能力有关。事实上，在英语中能量经常以字母 W 为代表出现在数学公式中，W 是功[1]的符号。

那么在科学意义上什么是功？答案是某种力施加在某个物体上并使其发生位移。这意味着任何施加在一个物体上的力可以使这个物体的位置发生改变，这个过程消耗了能量做了功。

最简单的形式就是某种力推动一个可移动物体沿直线移动。所以那个力（比如说，一辆汽车发动机施加的力）所做的功等于力和移动距离的乘积。因此，能量就是一个力和一段位移之间的乘积。

很明显，至少有些能量的形式没有任何类型的机械位移；比如说，在家点亮灯泡所使用的电。但是，电是电子流过导线而产生的；不论是否有电流，电子都一样存在于导体之中。但如果我

---

[1] 对应英文单词为 Work。

们打开电灯或家用电器，某种力就使电子流动起来，从而点亮了灯泡。电子流动的这个机制需要一定的能量。电力公司将其提供给我们，然后我们根据电表读数向其缴纳电费：电表衡量的就是电子的流动。

类似的情况发生在其他形式的能量上。

在宇宙范围内，我们看到四种基本力在刚刚发生大爆炸之后是聚集在一起的，随后逐渐分离独立，在宇宙生命的最初几个瞬间里打破了对称。整个宇宙在当时处于难以置信的巨大能量之中；从概念上，能量和力是结合在一起的，这从宇宙一开始就存在了。

能量的一个基本特征就是它可以转换，但是不能产生，也无法消除。因此可以说，如果整个宇宙范围内能量的总量有形，能够以可靠的方式度量，那现在存在的能量之和应该和大爆炸刚刚发生时一样。

听起来有道理，但是如果仔细一想，结果令人震惊；这是多么奇怪的事情！尽管能量不断转变其存在形式，但其总量经历这么久竟然一丁点儿都没有改变！更不用说"能量的消耗"，这完全没有意义，因为没有任何消耗，仅仅是借助合适的形式进行转变，比如转化为电、热和运动。为了便于理解，我们还是坚持这个常见的错误吧。

举个例子，当炉子烧柴加热时，热能并没有被创造出来；木材的有机分子由碳原子和氢原子组成，我们所做的是将它们这些分子的化学能量转化，获得碳和氢元素的氧化物以及其他产物（烟和灰的主要成分），当然还有热能。

　　说回到宇宙，我们提到大爆炸后最初的几个瞬间，基本粒子开始出现，它们其中许多是有质量的。人们通常说物质被创造，但事实上是个错误的术语。那些粒子的质量不是凭空而来，而是巨大的能量浓缩于极小的带有质量的物质粒子之中。显然，能量和空间—时间一起出现于大爆炸中；在膨胀过程中，当宇宙逐渐冷却，其中一部分能量被使用，形成了那些物质粒子。

　　如今，大爆炸约138亿年之后，可以说空间—时间中所有我们所知的一切都能以能量和物质进行解释。

　　我们人类是由生命物质和多种能量组成，比如说身体热量（热能），或者肌肉运动（机械能）；此外，我们居住在某个城市的特定空间内，借助钟表和日历来衡量时间。事实上，可以想象的宇宙中的一切都囊括在以下四种概念里：空间—时间里的物质和能量。

　　物质和能量乃同一个事物，这个理论不是爱因斯坦"创造"出来的，而是通过一套数学上无可挑剔的理论加以论证的，这在爱因斯坦之前是无法理解的。这套理论多次得到证实，比如说，在基本粒子领域，当一个粒子和它的反粒子结合，它们的质量瓦解，进而转化成为巨大的能量，并以能量强劲的光子形式呈现。这个过程也是可逆的，一个强能量包，诸如伽马射线的光子，可以物化为电子和正电子。

　　顺便提一下，尽管质量的度量单位是千克，它和重量是不一样的（重量的度量单位是千克重，或者千克力，国际单位是牛顿）。一位宇航员无论在地球还是月亮，他的质量不变（是他的骨头、肌肉、血液、大脑等的质量之和）。但是他在地球上重60千克，在月亮上仅重 10 千克：质量不随引力而改变，但是重量却会随之变化。在月球上，重力是地球上的 1/6。

　　某些场合下我们会提到一种奇怪的物质形式，我们不知道它由什么构成，我们称之为"暗"物质。这跟我们所讲的有关物质的一切有关吗？很明显是有关的，因此，我们才使用了物质这一术语。对于暗物质，我们忽略了除引力之外的几乎所有其他因素，正如在考虑所有其他物质粒子时一样。

　　当提到宇宙的能量之和自大爆炸后就没有变过时，我们只考虑了能量，以及将能量浓缩在粒子中的物质。我们可以探测和度量它们（星系，恒星和行星……），但是现在新的数据迫使科学家们考虑其他物质的存在，用新颖但未经证实的方法重新考虑这个问题。

　　所谓冷暗物质不是重子物质（也就是说，不是由重子构成，重子是由可探测质量的粒子组成），跟强、弱核力、电磁力都没有相互作用，仅跟引力有互动。如果在量子中存在必要的暗物质，就可以解释目前已经探测到的宇宙异常（这也迫使科学家断定暗物质的存在），但我们对暗物质的其他特点一无所知。

　　理论物理学家们有多个假设；比如说，他们认为暗物质可能由某种没有质量的中子组成，或许是还未探知的大质量弱相互作用粒子，基于其他的原因，可以断定大质量弱相互作用粒子的存在。一部分大质量弱相互作用粒子可能是超对称粒子，比如超中性子；但是，这已经纯粹是超对称理论的猜想。超对称理论在粒子物理学家中间非常受欢迎，他们断定存在一组奇怪的粒子，如同那些已知粒子的超对称粒子，这可以解释亚原子尺度下的量子力学和万有引力。

2015 年年末，在位于日内瓦的欧洲核子研究组织的大型强子对撞机（对撞型粒子加速器）内探测到了某种超对称的大质量弱相互作用粒子，这个发现是实验者们所期待的赠予理论学家的礼物。欧洲核子研究组织于 2012 年还发现了希格斯玻色子。

那么暗能量呢？

古希腊哲学家借助已知的四种基本元素（空气、水、土地和火）定义了大自然，但是也有的哲学家还提到了第五种元素。第五元素的形式是纯净而且细微的流体，由它组成了静止不动或者圆周运动的天体（圆周长和球体是完美的几何图形）。第五元素也被称为"以太"，在希腊语中意味着苍穹，或者纯净、透明、无法探测到的气体。

在赫西俄德的神话中，埃忒耳神[1]是若干原始神之一，他们诞生于混沌（最初的虚空），而且跟其他原始神直接相关。

万物皆处于细微的以太之中，而且以太还是永恒天空完美的支撑，关于以太的这个想法在许多个世纪都被普遍接受，直至近代。此后，从文艺复兴开始，化学的进步和基于科学方法的理性认识的进步，逐渐消除了那些陈旧的观念，这些观念我们在今天觉得天真，但恰恰不包括以太，或者说第五元素。如果不是以太，该如何解释光在真空中的传播？光的射线需要某种物质的载体才能得以传播。19 世纪末进行的实验，尤其是美国物理学家阿尔伯

---

[1]　埃忒耳和以太的西班牙语均为 éter。——译者注

特·迈克耳孙（1907 年的诺贝尔奖得主）和爱德华·莫雷的工作，证明了以太不存在；紧接着，爱因斯坦证明光在真空中的传播不需要任何物质载体。而不到一个世纪之后的今天，我们不得不重启被尘封的希腊人第五元素的概念；当然，它现在是提出新的有关宇宙的观点时所不可避免的一种猜想，为了让关于宇宙膨胀的解释可以站得住脚。

我们尚未认识的物质和能量并不在少数，因为两者加起来应该占据整个宇宙能量的 96%，这意味着截至目前我们所知的一切仅仅是 4%！

近年，一些关于宇宙临界密度和宇宙膨胀加速的计算引出了一个问题。从计算获得的越来越精确的数据看来，确实需要暗能量的存在来施加负压，或者说排斥引力。我们不知道暗能量是什么，但是它"应该"就在那里。同样，在更早一些的时候，人们推断需要暗物质来解释星系的自转和其他异常现象。

现在的计算结果显示暗物质大概占据全部宇宙的 22%，暗能量占据 74%，其余的 4% 是我们观测或者探测到的物质——能量。在这 4% 中，90% 是星系间的物质和能量，只有 10%（或者说全部宇宙的 0.4%）位于恒星和行星之上。

如此一来，除了明白我们所知甚少（几乎一无所知），我们还意识到自身的渺小。宇宙学反衬出我们作为人类的弱小，而我们还自称是造物之王。

科学永远在提醒着我们所知有限，但好在也不断激励我们继续前方的求索之路。

第四部分

生命，智慧，未来

XIV　地球，源自 45 亿年前

▶▷　一颗不同寻常的星球惊艳诞生

我们提到太阳出现于 50 亿年前，它诞生于上一颗超新星的残余之中，同时聚合了游荡于空间的星际物质（主要是氢，一部分是氦）。这些星际物质也许产生于大爆炸之后不久。

这意味着我们的太阳即使到今天也几乎 99% 是由等离子体组成，尤其是来自氢原子核内质子和氘和氦的原子核内中子的夸克。

星系间的氢和超新星的残余相遇在银河系的区域，即现在太阳系所在地。随着所有这些物质开始接触，引力将它们越来越紧密地聚合起来。最终所有这些物质被强力压缩在一起，导致温度升高到好几百万开尔文。当时的一些条件与大爆炸刚刚结束时的情况类似，这样产生了氢原子的热核聚变，即质子的聚变，并最终产生了氘，然后是氦，这个过程中释放出巨大的热量。

太阳就是这样于 50 亿年前被"点燃"的；可以这样说，母星超新星的灭亡到子星太阳的诞生，如弹指一挥间。

从那时候起，我们独一无二的太阳就在"燃烧"，更准确地说是氢聚变转化为氦，过程中每天消耗几乎 3500 亿吨物质，温度达到了好几百万开尔文。这个消耗量是巨大的；但尽管这个过程已经持续了 50 亿年，太阳的全部氢量仍剩下一半，可以以每秒约 400 万吨的速度继续消耗。

最初，刚刚诞生的太阳剧烈收缩，猛烈"燃烧"：基本粒子的乱流之间激烈碰撞，其温度达到 5000 万—1 亿开尔文，这成为太阳的特征。那些最初的震荡导致大部分来自上一颗超新星的质量较大的粒子被释放出去，就好像从烧得很旺的炉火中会飞溅出火花一样。

引力使最初那些质量较小的元素聚集在太阳的内部，是它们开启了热核聚变的反应，将氢转化为氦。而那些比氢的质量更大的原子虽然质量较大，但是因为热核聚变的反应被抛向太阳外侧。这个过程很剧烈，以至于可以离开太阳很远，得以形成不同的物质环。这些环距离太阳虽远近不同，但是并不会太远，因为刚刚诞生的太阳质量巨大而有很强的引力。

那些被抛出的物质（还不及太阳质量的 1%）中质量较小的距离太阳更远，于是进一步形成了四颗体积很大但是密度较低的行星：木星、土星、天王星和海王星。而质量较大的元素则留在距离太阳较近的地方，最终形成了四颗岩石行星，密度很大但体积较小：水星、金星、地球和火星。

那些炙热的余烬在大约是 –260℃（差不多 10—15 开尔文）的太空中迅速冷却，在各自的轨道上通过撞击而逐渐聚合。这些行星形成于太阳诞生后不到 5 亿年，它们围绕太阳旋转，同时由于余烬之间的碰撞也在自转。所有的行星都在同一个平面公转，这个平面碰巧与太阳的赤道面重合。我们将这个平面称为黄道，因为日食和月食也发生在这个平面上^[1]（因为太阳也在同一个平面，所以当月球进入地球的影子或月球遮住太阳时就会发生月食或日食）。

这整个过程解释了为什么太阳系外侧的行星体积较大但是质量较小，而且没有岩石的表面，相反距离太阳较近的行星质量更大但是体积较小。在外侧的行星上，质量小的元素居多。而在距离太阳较近的行星上，质量大的元素居多，以铁和硅酸盐为主，最外层以碳、氧、氮为基础，同时还有水。其中，水应该大部分来自彗星。彗星诞生于原行星盘外带，它们或与内带的物质碰撞而消亡，或直接陨落至太阳。如今人们认为许多彗星来自太阳系的最外侧，比海王星还要靠外：首先，有柯伊伯带——为了纪念美国天文学家杰吉拉德·柯伊伯（1905—1973年），里面除了短周期彗星，还包括诸如冥王星和阋神星这样体积类似的矮行星，以及赛德娜和夸欧尔这样体积更小的矮行星。还有更远的奥尔特云，那里诞生了几百万颗长周期彗星。奥尔特云的命名是为了纪念荷兰天文学家杨·奥尔特（1900—1992年）。彗星是由水（当然，是冰）和不同的矿物质组成，就像是"很脏的冰球"。彗星和行星的相撞给行星带来了最初的水，在很多行星上这些水蒸发并消失了（因为距离太阳太近，比如水星），或者部分冻结成冰（比如发生在火星，以及木星和土星的一些卫星上）。在地球上，水形成了

---

[1]　黄道 eclíptica；日食 eclipse。——译者注

大量的蒸汽云，它们随后凝结成液态的水，储存在地势较低的区域，形成了现在的海洋。

我们那个40亿年前的地球跟现在的地球毫无关系。那个时候的环境很像是我们想象中的地狱：火热的、半熔融的岩石，高达几百度的温度，周围是巨大的各类型蒸汽云层，经常受到陨石的撞击而产生剧烈震动。其中一次撞击异常猛烈以至于地球的一部分脱离并最终形成了月球。

从早期的酷热中存活下来的物质都在地球的内部，由放射性衰变所维持。发生在地核的衰变从远古时期就开始了。事实上，我们如今生活在一个很薄的地壳之上，尽管这个地壳有相当多裂缝，但很显然是坚固的，它漂浮于巨量半黏稠的放射性岩石之上，这些岩石被熔融后压缩于地壳之下。作为概念性的了解，包裹地核的内侧地幔层温度在2000—3000度，而地核的温度接近7000度。

地球诞生初期比现在要小得多，大约只有现今一半大小。组成地球的熔融铁因其密度较高而下沉进入地核，在这个过程中逐渐冷却。热量传到了外侧，融化了一部分本该留在那里的铁；而在内部的地幔，存在一些黏稠的铁，其流动过程产生了可变的磁场（取决于地幔的缓慢移动），这也是从那时起地球的特征之一。水星和火星也存在磁场，但是金星没有。

从近40亿年前开始，地壳表面巨型凹陷处开始储存水，水是陨石和彗星撞击地球后覆盖天空的蒸汽凝结而成。那些大量沸腾的水中富含各种已溶解的矿物元素，孕育了伟大的生命。

地球那个时期的空气跟现在也不同。质量较轻的气体，比如氢和几乎所有的氦，都迅速地消散于外太空。而其他气体因为密度较大，所以一起留在了地表。那个时候还没有氧气，仅有非常少的氖气和微量的氩气：有趣的是这三种气体占据了现在大气层的99.99%。太阳当时发射更多波长很短的电磁辐射（紫外线，甚至是X射线），还有光辐射和红外辐射（热）。所有这些都导致地球的温度极高，超过100度，形成地狱般的热气。氢气越来越少，水蒸气越来越多，也有相当多的甲烷和氨气，一些二氧化碳、氮气和氖气。

黏稠而且炎热的地幔靠上的部分逐渐冷却，在地球外侧慢慢形成了我们今天所认识的地壳，这也是我们生存的地方。在不到40亿年前的那个时期，陨石的撞击强度越来越弱，这带来的一个次要结果是地球膨胀了一倍，直到目前的大小。

如今仍然偶尔有陨石坠落，但体积较大的陨石屈指可数；但更为常见的是微小的物质颗粒，它们与大气层接触摩擦燃烧产生光迹，转瞬即逝，成为流星。

根据美国国家航空航天局（NASA）的数据，地球每天接收大约一百吨外星物质。平均每年会有一颗汽车大小的陨石坠入地球。平均每5000年有一颗足球场大小的陨石对局部地区造成破坏性的影响。据估计，每一亿年有一颗体积足够大的陨石，导致的生物多样性损失非常严重（最近一次发生在6500万年前，当时导致了恐龙及其他物种的灭绝）。陨石带来的震荡从未停止，但是现在的强度已经比远古时期要低多了。

　　我们继续谈那个孕育出生命的时期。大约不到 40 亿年前，频繁和强烈的火山活动喷发出的气体，导致当时的空气中氮气和二氧化碳的含量越来越高，与此同时甲烷和氨气却有所减少。在地势很低的地壳表面洞穴中已经形成了海洋，海水的温度在 80—100 度，因其盐和酸的成分而极具腐蚀性。

　　有趣的是，如今地球上 97.2% 的水是海水，覆盖了地球表面的 71%（我们的地球应该更为准确地被称为水星）。其余的水大部分以冰的形式存在，分布在南极洲（大约是全部冰川的 90%）和格陵兰（大约是全部冰川的 9%）；其余 1% 的冰川位于两极外的高山之巅。很少的一部分，大约是地球总水量的 0.6% 位于地下；0.02% 在河流、湖泊和其他大陆水域中，以及极少的 0.0001% 存在于大气中，要么以蒸汽（或者是看不见的气体）的形式存在，要么形成了云（悬挂的液体小水滴）。

▶▷　刚孕育出的生命……同样是具有侵略性的生命

　　在地球尚年轻的时期，在高温和太阳紫外线辐射下，空气和水中的多种化学元素接触后产生了一种化学成分多样且复杂的"汤"。空气中以氮和碳为基础形成的新分子有些可以溶解于水中。它们在水中又与其他化学元素反应，进一步生成越来越复杂的分子。这些潜在的生命物质在利于发生复杂反应的环境中（非常热的水、各种盐和矿物质、大量的酸、强烈的太阳能）经历了很长时间，最终成为一种"原始汤剂"，好几百万年之后，在其中偶然产生了最初的复杂"生物"分子，这些分子可以自我复制、繁衍，遗传信息代代相传。

某些早期的生物分子被碳原子像链条一样连接在一起。这些或长或短的分子链条"像变戏法一样"用简单的单元随机组合成为更复杂多变的大分子。比如说，氨基酸是简单的分子，但是连接在一起可以形成极为复杂的蛋白质。同样简单的核苷酸连接在一起便得到了复杂的基因，脱氧核糖核酸（DNA）分子，以及作为基因和其他细胞之间化学信使的核糖核酸（RNA）分子。

据我们所知，35亿多年前在地球的海洋中就已经存在氨基酸和一些简单的蛋白质，以及遗传物质；尽管可能还不是基因，但也许是某种简单的核糖核酸形式。

所有的生物大分子都由我们提到的碳原子连接成链：没有碳就不可能出现生命。但是生命之所以优越，其至关重要的构成单位是细胞。细胞的形成要求有许多早期的生物分子，它们是由分子链组成，而分子链又是简单分子通过碳原子连接而成。生命起源之初，生物大都仅有一个细胞。这意味着细胞尽管体积微小，但是在分子级别却真的很复杂：细胞的结构封闭，被细胞膜包裹，只允许那些可溶于水且对细胞代谢有益的化合物进入。除此之外，细胞内部还有若干微粒、细胞器和包括基因在内的大分子。基因描述了细胞的种类，并确保其代谢，而大分子蛋白质则完成了维持细胞生命的代谢所需的全部工作。由于基因在死亡之前解旋，并将遗传信息传递给下一代，所以细胞还具有自我复制的能力。基因通过细胞复制而代代相传，从而决定了每个物种的特性。

从化石中，人们知道了如何计算出最早具有自主生命的细胞的出现时间：大约是 38.5 亿年前。如今，我们认为最早的活细胞属于古菌域，它们能够自我复制和代谢，即制造蛋白质和基因物质。

总之，生命的基本原子来自恒星（太阳之前的超新星，以及刚诞生的太阳）；而地球作为新生太阳的余烬，在形成之后的几亿年间，其最早的活细胞在地球的海洋中偶然形成。

这意味着所有生物，包括我们，都源自恒星和一系列的偶然。从最早的古菌到越来越复杂和多样化的生物的演变过程中，偶然性继续成为主导因素。此外，生物还必须适应几乎永远恶劣的环境。通过自然的选择，那些优秀的后代存活下来，而不够优秀的则被淘汰。

有人会觉得这个想法令人沮丧：源自恒星，出于偶然，物竞天择。也有的人也许会单纯地认为这很神奇，我们还可以进一步研究和理解这个过程。

那些最早的原始的古菌，最终有了更为复杂一点的同类，细菌。约 20 亿年后，又形成了另外一些更为复杂的细胞，发展出一些前所未有的能力。

从 38.5 亿年前开始，所有的细胞都在海洋中诞生，能够获取并利用周围能量，来完成自身内部的新陈代谢和自我复制。

最早的细菌是蓝藻，它们出现在大约 35 亿年前，借助叶绿素它们可以将太阳能用于光合作用。大约 20 亿年前，最高级的细胞能够分离它的遗传物质并储存在细胞内部的一个细胞器，也就是细胞核内，以此有效的方式永久保存了遗传信息。最早的多细胞生物在很晚才出现。直到大约 4 亿年前，一些多细胞生物才登上了陆地。

某些 20 世纪下半叶的作者提出了一个大胆的理论，认为最初那些有生命的分子不是在地球的海洋中形成的，而是从遥远的外太空由彗星和陨石带来的。这个理论被称为"宇宙泛种论"——源自希腊的一种学院派表达方式，我们可以翻译为"源自宇宙的广泛撒种"——主要的支持者是弗雷德·霍伊尔和其他非正统的天文学家。他们认为在地球的海洋中诞生复杂生命的可能性非常非常低。

可能性很低，这没错。但是，这不意味着不可能。根据概率，不论这个过程的可能性多么小，都总会"幸运"地发生（或者说，非常巧合），而这个过程只要一直重复，就会从统计学上提升出现有利结果的可能性。

在新生的地球上，即使抛开偶然——可能也不用，因为偶然本就存在——显而易见的是在这样富含矿物元素和足够高温的海水中，经过几十亿年间数万亿次的化学反应，也可以得到各种结果。

为什么要鸡蛋里挑骨头？如果复杂的有机分子来自太空，那么在其他的星球应该也有。但是我们并不知道这样的星球在哪里。相反，不论可能性多低，地球的海洋中都真实地孕育出了生命。

准确来讲，什么是生命？

定义生命并非易事。我们可以说经历了出生、发育、繁殖和死亡的就是生物。但是如果以足够长的时间尺度来看，山峰也有相同的轮回：从崛起、发展，到孕育出别的山峰，直至最终消亡。这种地质生命周期需要经过千百万年，不像是我们知道的生物生命周期持续数月、数年，或者有时仅仅几天。

所以一切都是周期的问题。有的动物生命不过几个小时，比如蜉蝣；但也有特别长寿的生物，比如千年树：其中著名的是位于特内里费岛伊科德洛斯维诺斯的龙血树。据我们所知，没有任何一个生物个体存活一百万年，但是的确有物种在数亿年间不加改变地将自己的基因遗传给下一代。从这个角度来说，生物物种——而非生物个体——的生命和地质生命类似。

生命的另一个特征是死亡：据我们所知，所有生物个体最终都会死亡。所以是否可以将生命理解为一段特定时期内"不死"呢？或许也不能，因为虽然每个物种的个体最终都会死亡，但它们所属物种的基因会留存下来。

生命因为和周围环境交换物质和能量才能够存活，而这导致了每个生物个体中的元素都在持续地变化中；我们将这一系列有组织的具有特定目的的反应称为新陈代谢，其最终目的就是繁殖。当一个生物个体死亡，那些物质和能量的交换也能得以维持下去，但是是无序的；事实上，生物的所有组成部分在其死亡后都继续存在，只是存在方式有所不同。

之所以这么说是因为原子是独立的；换言之，原子不需要"获取养分"以生存。原子有它们所需的全部物质和能量，可以存活很长时间，有时甚至是几百万年；比如氢原子从大爆炸起存活至今。相反，如果生物要继续存活，就需要以有序的方式与周围环境交换能量和物质。

任何生物体都是各类原子和分子进进出出的地方，它们在不同的过程中交换能量；这是生命存活下去不可或缺的。比如说，动物呼吸空气（它们的细胞呼吸所需的氧气），消化矿物质和动植物食物以获取所需的分子（脂肪酸、蛋白质、碳水化合物、水和矿物盐……），还有其他许多在体内与外界交换原子和分子的功能。

所有这些新陈代谢功能从生物体存在之初就不停地改变着它们：比如说人类，我们从一个单细胞开始（一颗受精的卵细胞），自出生就转变为具有多个器官和组织的极为复杂的生物个体，接下来时间的流逝改变着我们的容貌和身材，我们还会掉头发或发福，皮肤也在改变，我们也会生病……但是所有这些都不是必然，而仅仅是从妊娠开始到死亡终止的生命旅程中的偶然事件。死亡时，这些与外部世界的交换都将终止，如此复杂的身体也将瓦解，其分子组成部分都将分解于空气和土壤之中。

如果我们加热一块石头，然后将其放在地上，最终它会冷却，其自身温度和周围温度达到平衡。当我们加热石头时，我们已经打破了它的热平衡，或者说能量平衡；然后，当我们停止加热，石头自己趋于恢复之前的平衡。这是非生命物体的特征。相反，许多生物体都维持着那种不平衡，从某个角度来讲，是持续地维持了那种不平衡，直到死亡；比如说，不管周遭环境的温度如何，许多动物靠新陈代谢保持了体温。

但是生物体一旦死亡，其组成元素又将恢复与周围环境之间的平衡；体温从37℃冷却至周围环境的温度。如果是一个极冷的环境，生物体可以在较长的时间内基本维持原样；生物体尽管死亡，但是被冻结（也就是说，如果我们将其解冻，尽管生物体已死亡，我们仍可获取一副完整且保存完好的生物躯体）。因此，将自己的尸体冷冻，寄希望于日后有人将我们唤醒并治愈致死的疾病，这一想法虽然严肃，但是昂贵，而且荒唐。

38.5亿年前开始出现于陆地海洋的原始细胞体积非常微小。尽管如此，它们的体积相对于原子和组成细胞的分子已经非常巨大。如果将一个原子看成是针头，那么一颗细胞就是一栋房子。那样一个原始细胞里的原子数量，比整个地球上的人类数量还多。所有这些原子，连同构成细胞的简单和复杂的分子，在创造细胞这个生命的工厂里扮演了重要的角色。因为原子的体积微小，这一级别的许多功能曾被忽略。目前，分子生物学已经能够修改大分子，比如说组成基因的大分子。随着原子级别的功能逐渐被破解，在不远的将来，原子生物学也许能给我们带来惊喜。

每一个细胞，即使是最简单的细胞，都是一种生命工厂，它们接收来自外界的原材料，在装配线上生产新的分子，储存装配计划以及某些有保留价值的元素，甚至还有在不同工作车间穿梭的信使来传递各种信息。同时，细胞能把那些没有利用价值的垃圾清理出体外，并附带检查机制以使细胞整体能够正常运行。为了达到这个目的，在其外部结构、细胞膜或者内部的细胞器里都有细胞的"修理员"修补受损的大分子，包括基因。

除却以上所有确保细胞生存的功能外，细胞还能够自我复制，也就是说，细胞可以繁殖。细胞内储存的指令时不时会开启复制流程，所有的指令（包含于基因之中）复制两次，为了稍后可以分裂成两套完全一样的细胞，其中的细胞器和其他细胞的组成部分也都被复制。如此一来，子细胞看起来就像是母细胞的克隆，能够实现跟母细胞同样的功能。而老化的母细胞在一个叫作细胞凋亡的过程中自杀死亡。

一个幸运的过程。如果一颗皮肤细胞，其寿命短于一个月，且不能繁殖出跟它一模一样的子细胞，那么，皮肤将不再是皮肤。

然而，为了让这些流程都发生，细胞需要很多的能量，以及充足的原材料。因此，细胞需要持续的外部供给。缺少资源会迅速导致细胞之间的竞争，它们以最强的方式来获取资源。涉及需求时，人类也是这样通过竞争来解决的。

相反，基本的粒子，原子和分子没有需求；它们仅仅是存在。当原子和分子受到外界变化的影响时（比如说温度变化），它们的确也会起反应；但是当不存在这些外界的影响时，它们可以就这样保持千百万年。

生物的系统如此复杂却又是脆弱和易损的，它们需要保护，以不受外界物理和化学变化的影响，它们为了存活还需要竞争资源，适应危险的环境，然而无论如何，最终也难逃一死。

生命从来都不容易；也许正因如此才有了各种生存机制，这些机制有时令人吃惊。为了适应环境，细胞偶然获得了一些有助于其存活的特性；那些拥有此特性的细胞就能够不受损地存活下来，并把它的基因传给下一代。其他的细胞则消失，它们的遗传信息也就因此灭绝了。

在恶劣的环境中，尽管不总是如此，但运动通常比静止要好。有壳保护身体器官大多比直接裸露在外要好。能够清楚地感知环境比迟钝地生活要好，比如清晰地辨别可能被潜在敌人捕获的猎物……以此类推。

这是从 40 亿年前开始陆续发生的一段漫长的持续的演变过程，没有事前的编排，而是通过一些基因突变，以及长期以来形态变化获得的偶然结果。这些陆续发生的突变有时候改正了那些阻碍生物存活下去的弱点。

这个过程主要发生在海底，因为大约在 35 亿年期间（或者说，直到 4 亿多年前），生命仅限于海洋里的单细胞生物。但是这不影响那些生物细胞获得越来越多样性的特征。我们已经提到演化的第一步是古菌，即原始的细菌。然后是从约 30 亿年前开始发展的生命的第二域，细菌本身；最古老的细菌（比古菌更为进化和细化）已经具有一个令人惊讶的能力——光合作用。这是由于细胞中有一种叫作叶绿素的色素，在太阳能的作用下，叶绿素可以分解空气中的二氧化碳（CO_2，具有两个氧原子和一个碳原子）。这些能够光合作用的细菌（蓝菌门）将碳吸收入自己的生物质，而多余的氧作为具有腐蚀性的且不被其需要的垃圾被排入大气。

事实上，这些最早的细菌开启了生物对自然的污染：从那时起，对生命具有伤害性的氧气开始在空气中扩散。应该明确的是，对于当时的生命而言，二氧化碳是基础；相反，氧气是致命的。有趣的是，如今似乎氧气对有些生物才是必需的。但这是因为早在大约 4 亿年前，我们的祖先离开海洋开始在陆地上、空气中生活时就已经适应了氧气。氧气依然是一种氧化剂，或者说具有腐蚀性。

在 25 亿年前，蓝菌门和其他具有叶绿素的细胞层出不穷，以至于氧气的比例开始在大气层中显著上升。如今氧气在空气中所占比例超过 21%，氮气占 78%，氩气占大约 1%，以及占比不断变化的水蒸气，大约占 1%。而空气中的其他气体只占很小的比例；比如二氧化碳（曾经对于复杂生命来说绝对是不可或缺的，如今依然是绿色植物茁壮成长所必需的）现在仅占空气的 0.04%。顺便说一下，即使这样也没阻止世界对二氧化碳发出警报声。这也许是反应过度，因为其浓度只是从一个世纪前的 0.035% 提高到目前的 0.04%，但这仍可能对气候变化造成影响。

从存续了很久且不断变化的原始生命到近期出现且变化更多的复杂生命之间漫长的演变中，关乎生存的游戏从未、也不会变得平衡与平和，而总是疯狂的，甚至是致命的。

要想估算从古菌开始有多少生物物种在地球上出现过几乎是不可能的。我们甚至不能准确地知道现存有多少物种。相信在不同的生物域和界中已知的物种大约有 150 万，但应该还不止这些。专家们估计目前全部的物种数量很可能超过 1000 万。光是已知的昆虫种类就已经达到 75 万。

应该明确的是，当我们谈论物种时，我们不是在说个体；一类物种包括的个体可多可少。比如说，人类这一物种，仅仅是一类而已，如今却有 73 亿个体。同一物种不同个体的所有细胞中有相同的基因特征；因此，这些个体通常组成群体，与此同时，多个群体又组成不同的群落。不同的群落可以在同一个生态系统中共存。一整套生态系统被称为生物群系；地球的所有生物群系组成了生物圈。

生物的群体和社区通常有着共同的目的，而这个目的一般跟物种的生存有关。在那些群体内有时会产生严苛的秩序，比如蜂巢；或者是产生看起来无序的规则，但是其目的却非常明确，比如昆虫界的蚁丘、人类的现代城市。

谈到生命的演变和繁衍，尤其从寒武纪生物多样性的激增开始，我们可能以为这个过程基本上是线性增长。这个印象是错误的。科学家已经能够确定，从 5.4 亿年前的寒武纪开始，生物多样性在不停地演变，大量的生物灭绝，将来也不会再出现在地球上，我们也将永远无法认识它们。但同时也出现了许多其他生物，也许比灭绝的数量更多。

一般来说，物种的灭绝过程是相当缓慢的；举个例子，每经过 100 万年，会有几个科的海洋动物灭绝，包括其下的属和种。这种灭绝的发生差不多都是由于"自然"原因造成的，且发生的次数有限，发生的时期都很短暂而且是恶劣的"自然"灾难（我们给自然加上双引号，因为很明显那个时候没有人类，所以也没有如今称为"人造"的说法）。这些时期因多样性灭绝而为人所知。

许多博物学家和生态学家几乎是一厢情愿地相信大自然是一种"超级物种"，因此，从某种程度上来看，任何破坏其完整性的行为都是"不道德"的。经常听到类似"错不在大自然"的论调，仿佛真正错的是我们人类，仿佛人类并非大自然的一部分。

但是显然是大自然"错了"。而且错得厉害。那些突变不是别的，正是大自然犯的错误。许多的突变都是致命的，经历突变的个体要么死去要么停止繁衍。但是也有少数突变是有利的，而物种因此得以强化；也就是说，它们更好地适应了环境可能的变化。

总之，我们人类之所以是聪明的猴子，而不是聪明的恐龙，抑或是聪明的蠕虫，是因为在 6500 万年前偶然一个巨大的陨石撞向地球，导致了大部分生物的灭绝，包括那些强大而且已经进化程度很高的恐龙。相反，在那次大灾难中一些小型哺乳动物得以存活下来，在几百万年后，这些哺乳动物中进化出了灵长类动物；除了灵长类动物，蛙类也存活了下来——既然是出于偶然，为什么是蛙类而不是蜥类存活下来？当然，细菌，甚至是古菌也都得以存活，它们从 35 亿年前就存在于地球之上。

总之，物种进化是没有任何计划的，什么"应该"发生并非经过设计。简单来说，进化是大约 40 亿年前开启的一套能够繁衍和延续下去的机制，然而进化过程中生物个体却又不得不死亡或者为了适应环境而经受突变。

如今在 21 世纪，大部分的专家认可所有已知生物被划分为三个域：古菌、细菌和真核生物。每个域有不同的亚群，其中真核生物为了保留之前的命名法而被分为四界。界之下还存在其他的细分，最小的分类是种，每个种以拉丁文命名，先属名（首字母大写）后种名（首字母小写）。举例来说，智人（Homo sapiens）。

真核生物的四界（原生生物界、动物界、植物界和真菌界）之中还存在其他的细分，从总体到个体，依次为门、纲、目、科、属和种。

举例来说，智人属于真核生物域、动物界、脊索动物门、哺乳纲、灵长目、人科、人属、智人种。有时也会插入中间分组；比如说我们刚才举例的智人，在其所属的人科之上还有一个人猿总科，而人科之下可以区分出人亚族。

随着科学的进步，在确定新的遗传和生化标准时，我们的分类科学变得越来越复杂。

我们一起看一下目前地球上生命的分类。

A. 古菌域（拉丁文: archaea）: 原核生物细胞

最原始的单细胞生物；它们的遗传物质溶解于细胞中，而不是集中于细胞核之中。因此，这些细胞叫作原核细胞。它们以前和细菌被混为一谈（古细菌），但是如今人们知道了从生化和遗传学角度来看它们是截然不同的。古菌目前依然存在，大多栖息于无氧、高温，甚至极端的化学环境中。因此，许多古菌通常被叫作极端生物。

B. 细菌域: 原核生物细胞

包括所有其他原核细胞，其中有致病细菌，以及所有其他空气、水域和土壤的细菌。通常分为三大类，尽管界的概念是为真核生物保留的，但也可以说细菌分为三界：真细菌（大部分被叫作细菌的细菌）；支原体（最小而且最初级，大部分没有细胞壁的细菌）；蓝细菌（最古老，最早的光合作用生物）。

C. 真核生物域（拉丁文: eukarya）: 真核生物细胞，其细胞核内存有遗传物质

1. 原生生物界

原生生物的名字来自希腊语最初（protos）。通常用排除法来

定义：非动物、非植物、非真菌或非细菌的生物体。包括八个门：绿藻门（绿色藻类）、金藻门（浮游藻类）、褐藻门（大型褐色藻类）、红藻门（微小的红色藻类）、鞭毛虫门（带有鞭毛或尾巴的单细胞）、肉鞭动物或原生动物门（不带纤毛也不带鞭毛的单细胞）、纤毛虫门（带有纤毛的单细胞）以及孢子门（寄生单细胞）。

2. 真菌界（拉丁文：fungi）

拉丁文名字也许来源于希腊语的海绵（sphongus）。它们是非常古老的生物（超过 3 亿年），而且大部分非常微小。一些真菌有体积较大的生殖器官（子实体，或者菇）。这个界分为两个门：霉菌和真菌。

3. 植物界（拉丁文：plantae）

植物界包括所有多细胞的绿色植物，分为两个类别：非维管植物（没有茎也没有根的简单植物，比如青苔）和维管植物（有根、茎和叶，间或有花）。

4. 动物界（拉丁文：animalia）

动物界的名字出自拉丁语的灵魂（anima）。狗、猫、奶牛等都是动物，也都属于脊索动物门（包括禽类、鱼类、两栖动物、爬行动物，当然还有哺乳动物）。动物界此外还有其他八个类别：多孔动物门（海绵动物）、腔肠动物门（水母）、扁形动物门（扁形虫）、囊蠕虫门（蠕虫）、环节动物门（环状的虫）、棘皮动物门（海星）、节肢动物门（甲壳动物、蜘蛛和昆虫）和软体动物门。

XV　未来是什么？

▶▷　智慧: 优势……或者弊端

　　智慧通常被认为是进化而来的优势，是在缓慢的进化过程中从人类与猴子共同的祖先那里获取的。

　　很明显，这可能不完全正确。开始分析之前，值得思考的是38.5亿年间，生物从最早的古菌进化出了数十亿各类物种。为什么在如此长得难以想象的时间里都没有任何一类物种获得智慧，直到我们人类。这的确是事实。在生物圈里没有任何物种能质疑晚期智人这个令人自豪的名字，或者说倍加聪明的人类，又或者是聪明的"平方"。

　　毫无疑问，在地球生物的整个进化过程中，智慧的出现被看作是一个关键阶段。就像生命的存在，在宇宙中是非常新奇的；尽管我们仍不知道生命是否存在于另一个遥远的地方，但也不是说不可能。

　　但是出现智慧生命这个过程在地球上经历了超过38.5亿年的时间，这令其他地方出现生命的可能性很低，几乎不太可能。

　　定义人类的智慧并非易事，但如果要区分什么不是智慧却很容易。比如说，讨论细菌或低等进化动物是否有智慧毫无意义，因为智慧的一个基本要求是有一套复杂的神经系统，这套神经系统由一个中央大脑来控制。所以我们可以从那些有复杂大脑的动物开始。基本上就是哺乳动物；其中，黑猩猩和倭黑猩猩与我们人类有着共同的近代祖先。有人说狗，或某些禽类，比如鸦科，又或者海豚也很聪明。但是它们从未发展出任何文化，无论是工具的还是智力或者艺术的文化。即使是进化程度最高的灵长类动物（我们的表亲）也未曾有过文化。

而文化的建立是智慧的特征之一。另外，我们能够将文化的元素应用在自身，以及同属人类的其他同伴。很明显其他物种不具备这个能力。比如说，发明生产威力和破坏力都与日俱增的武器。在这里，智慧的过犹不及最终成为整个生态圈所不乐见的。

分析几百万年前的一些灵长类动物如何进化成为人类是很有趣的。已知的是6500万年前，一场宇宙灾难——相信是一颗流星或一颗巨大的陨石撞击了现今的尤卡坦半岛和墨西哥湾——导致地球出现一个漫长而且寒冷的冬季，使得当时2/3的生物都灭绝了。那是巨型恐龙的末日，但与此同时给了小型哺乳动物存活下来的机会，它们其中一部分进化成为猴子，进而成为如今灵长类动物和人类的共同祖先：最早有人形的哺乳动物出现于不到2500万年前，它们的身躯与现在的人类颇为相似。

经过漫长的进化，一些有人形的灵长类动物转变为猿，接着部分猿进化至人科并分裂为猩猩亚科（现代猩猩的祖先）和人亚科，而人亚科最终分为两个部落，大猩猩族（现在大猩猩的祖先）

和人族；最后这一步发生于 800 万年前。在此之后，大约 550 万年前人族又分为黑猩猩属（现代黑猩猩和倭黑猩猩的祖先）和人属（人类的祖先）。

在 2500 万年前出现有人形的灵长类动物，可能是由于它们生活的非洲地区的持续气候变化。相比恐龙时代的好天气，寒冷和干燥成为主导。而寒冷和干燥是最近 6500 万年间常见的气候特征，在这个过程中地球逐渐冷却，直到最近 200 万年的大冰期。这个时期被分成第三纪和第四纪，如今被合并称为新生代；新生代晚期是更新世（冰期）和全新世（目前人类所处的时期，气候温和，大约从 11000 年前开始）。目前看来，相比最近几百万年一直占主导的寒冷气候而言，全新世是个短暂的例外。

在 1500 万—1000 万年前，非洲气温的下降对某些灵长类动物在生物需求方面产生了巨大的影响，因为没有了树木，它们不得不适应更加艰难的环境。当丛林由于干燥和更低的气温而消退时，一些灵长类动物发生了偶然的突变，这种突变有利于它们在平坦的地面和大草原的灌木丛行动，而不仅仅是在树丛间活动。渐渐地，它们开始学习行走。

在同一时期（从 1500 万—800 万年前），现代猴子的祖先也被发现于南美洲和亚洲的热带地区；根据最近对分子进化的研究，我们相信灵长类动物的出现要比想象中还要更早，也许是在中生代（第二纪晚期的白垩纪）。那个时期大约是 1 亿年前，盘古大地（3 亿年前汇聚了所有陆地的超级大陆）从那时起开始分离瓦解，南美洲和非洲分开。也许一些进化程度高的灵长类动物能够从一个大陆前往另一个大陆，并开始繁衍。这些大陆就像是巨大的可移动岛屿，其目前所在位置与 2500 万年前一样。我们知道这些灵长类动物如今被称为类人猿，即有人形的猴子。它们于 2500 万—3000 万年前的渐新世在非洲大陆和其他地方大量出现。

尽管如今谈论气候变化似乎是一个非同寻常的新鲜话题，其未来的发展仿佛充满戏剧性，但其实气候的变化在生命的进化过程中一直扮演着重要的角色，尤其是对灵长类动物的进化和之后在更新世末期智人的出现都有过决定性的影响。当进入气候宜人的全新世，大约是 1.1 万年前，穴居人也就是克罗马侬人的聪慧程度已经跟我们旗鼓相当了。

新生代那一次气候逐渐变冷也促成了两极冰盖的形成。曾经连接印度和澳大利亚的冈瓦纳大陆是最后一块古陆，大约在 1 亿年前分裂并漂向南极，差不多在 4000 万年前稳定下来，成为南极洲。南极洲的全面冻结直到相当晚的时候才开始，大约是 2500 万年前。与此相反，北极都是海洋，和来自不到 400 万年前的永久冻土。所有这一切，都是新生代时期陆地上温度逐渐降低所致。

当然，这并不是持续的过程，而是长时间的寒冷和短暂的温暖之间不停交替的过程。更新世最后 200 万年所经历的这个众所周知的过程，不仅对于原始人类而且对其他生物物种来说都有决定性的影响。

两极以及温带高山冰川的冻结导致了一个有趣的结果——海平面的显著降低，据计算大约降低了 100 米。而在非洲，曾有一次新的热带雨林退化。非洲大陆再次变为大面积热带稀树草原，上面灌木丛多过树木，这和 2500 万年前发生过的事情如出一辙。

　　但是在那个时候，大概是 300 万年前，大猩猩和黑猩猩的祖先居住在舒适的雨林之中，几乎没怎么进化。相反，如我们看到的，在 2500 万年前，一部分大猩猩、黑猩猩和人类共同的祖先必须面对稀树草原上的风险，这时它们在树上的技能没有太大的用武之地，而草原上食物稀缺且不易获取。这一切促成它们进化成越来越接近人类的灵长类动物，最终不仅会直立行走，而且能够制造工具，创造某种初期的文化。

　　举个例子，南方古猿尽管仍在运用四肢，但它们已经可以灵活使用双手，也能够在陆地上直立行走，而且拥有出色的立体视觉。它们身材矮小，头部只有现代人类的 1/3。而大猩猩和黑猩猩的祖先在那个时期（大约 500 万—300 万年前）已经返回非洲赤道区域尚存的雨林，赤道区域不论过去还是现在在气候的变化上都不像温带和两极地区那么敏感。在那里，舒适的雨林庇护并滋养着它们，因此它们进化的程度远小于南方古猿。后者存在了很长一段时期，并分化为不同的属，其中一些远行离开了非洲。但是最终南方古猿在 100 多万年前灭绝了；与此同时，当时已经出现了掌握高等技能的人类，也因此我们称他们为能人。

　　能人大概在 200 万年前就存在了；他们的身材比南方古猿要高大，面部更为平坦，头部更是相当于南方古猿的两倍（略小于一升，我们目前人类的头部是 1.5 升）。得益于进化的双手他们能够建造和雕刻石头和木材，以获得餐具和工具。

　　能够制造工具看起来是进化的关键：远古时期人们制造的器

具体现出其创造者的高度"人化"。此外，这些器具在如今也有很大的作用，因为我们仅能依靠骨头和工具的遗迹来认识我们的祖先，并将其分类。

下一步是直立人，大约从100万年前或更早时开始出现，存续了50万年。人类的进化不是持续的，在原始人和人亚族之间有过许多交叉。直立人已经很高了，在1.6—1.7米。但是，他们的头部大小跟能人依然很相近。这些直立人应该是最早学会如何点火以获得火种的。在此之前的原始人已经知道如何使用火，但是并不知道如何获取。

在那个时期尚存在两类南方古猿，阿法南方古猿和非洲南方古猿；但同时也存在能人。随后出现的直立人智力可能更高。他们几乎不爬树，却是优秀的猎手，并且建造了原始的小屋。他们还发明了具有两面刀刃的斧头、手斧。

火使得最早的直立人的生活有了翻天覆地的变化；证据表明他们从50多万年前就普遍开始使用火，他们用火在居所和洞穴中照明以及取暖（当时还是寒冷的冰河时期），甚至用火烹饪。烹饪并食用热的食物能够成为一种共享的仪式，在只有生存活动的环境中看似无用，但却成为一个群体共同的乐趣。掌握烹饪和烧烤食物对他们而言应该是一个惊喜，而且烹饪过的食物相比生的食物可以更好地促进蛋白质的吸收；毫无疑问，这给他们带来了生活质量的提高，也带来了存活率的上升。

即使这些最早的直立人会说话，我们也不知道他们如何会话。人类之所以能够组织语言是因为我们的喉咙中喉和咽的特定位置，现代猴子至今仍缺少这些特点。毋庸置疑，与声音有关器官的进化对于原始人类进化到智人的过程至关重要。

也许，直立人已经能够以初级方式说话；他们已经有了工具文化，也许还有了智力文化，对于这些早期文化中逐步创造出来的种类繁多的元素，他们应该发明了一些声音用以指代，即使可能只是喊叫声、咕噜声、手势、口哨和各种喉音。

一部分直立人非常爱迁徙，甚至到达过亚洲，也可能跨越过已不复存在的白令海陆（如今的白令海峡）到达美洲。事实上，直立人在亚洲生存的时间比在非洲和欧洲要长，直到大约不到50万年前。那时在欧洲和其他地方已经没有直立人了，但是存在其他人种，比如说著名的阿塔普埃卡先驱人，确切来说，他们是匠人这一更为古老的人种的后裔。

一部分匠人可能是晚期尼安德特人（大约20万年前，距今3万年前灭绝）的直接祖先，另一部分则是人类（不到10万年前直到今天）的直接祖先。

就这样，我们来到了全新世，这个时期的气候条件温和，利于人类洞穴的出现。人类非常聪明，以至于在与之前相比很短的时间内发展出了一系列的智力、工具和艺术文化，并取得难以想象的经济发展。毫无疑问，这有利于人类这一物种的迅速扩张。

更新世的最后阶段，大约是最近的50万年，被称为旧石器时代（因为出现了能人和直立人雕刻石头所产生的最早的原始文化）。1.1万年前最后一个冰河时期结束，全新世开始，其被分为中石器时代（直到7500年前）、新石器时代（直到5000年前）、青铜时代（直到 3000 年前）和从 3000 年前至今的铁器时代。尽管除了铁和钢，我们已经在最近的几十年获得了各种新材料。

地球形成以来所发生的其他变化往往也导致气候的变化，所以全新世期间气候也历经多变。但和更新世最后一个约 5 万年的冰河时期的恶劣气候相比而言，全新世的气候至少是维持在良好的状态。

在寒冷的冰河时期，猎人和采集者构成的人类部落开始走出洞穴，拓展视野，快速学习，并最终形成了城市，发展了畜牧业和农业，还有音乐、雕塑、写作，当然还有天文学和数学。

不管怎样，全新世温暖而多雨的气候对人类而言很明显是有利的。尽管有人认为对于生物圈而言，甚至对人类自己而言，更好的结果也许是不曾走到今天这一步。

▶▷　所有这一切将何去何从？

有人冷静地预言，认为智慧更多是一种诅咒而非祝福。生活在安逸的发达国家，我们自然不觉得如此。但是贫穷国家或者发展中国家的居民也许同意这一观点。毫无疑问还有那些生活在世界上最悲惨国度的人们，准确来说就是非洲，啊，这又多么讽刺，非洲曾是人类智慧的摇篮。

也许智慧对于生物圈也是有害的，即使我们并没有追寻詹姆斯·洛夫洛克（生于 1919 年）的脚步。他提出了盖亚假说，想象盖亚是个巨大的可以自我调节的生物体，一种植入地球内部的母性物种（一个浪漫而神秘的假说。在西班牙语中我们将其翻译为 Gaia，但我们却忘记了 ai 的发音和希腊语以及法语中的 e 很像）。Gaia 其实就是盖亚神（Gea），比如说地理学（Geografía）和地质学（Geología）的词根都是 Gea，而不是 Gaia。

我们的智慧在孕育了近代工业发展的同时，也造成了矿产资源和不可替代能源的枯竭。人类智慧所带来的各种负面影响在地球表面造成了令人担忧的退化，比如垃圾和有毒废物的排放。更不用提战争。不论何时何地，战争都爆发于人类社会。

也许由于不同的原因（与洛夫洛克得出的结论一致），富人们总认为人类需要被保护，但事实也许并非他们所认为的那样。

我们也许可以说出很多关于人类近期进化和逐步发展的好处与坏处。但是如今一个突出的异常现象十分令人担忧：我们的各类文化，包括工具文化（机器、工业革命和经济）和智力文化（科学、医学和艺术）加速发展，导致了人口激增。

在最后一个冰河时期及其之后的全新世，尽管人类的知识越来越丰富，并逐渐应用于生活的各个方面，从纯自然活动比如繁衍或者生存，到最为抽象的娱乐等人为活动。但是人口数量增长却非常缓慢，甚至不止一次倒退。

从全新世一开始，人类活动就对环境产生着影响，这种影响甚至可以被认为是"污染"。森林被烧毁，单一农作物和家畜的引入侵害了生物的多样性，有毒气体被排放至大气层，各种垃圾污染了河流和海洋。总而言之，对环境的改造过程一经开启就无法停止下来。如今已经达到令人担忧的水平。

但是，在古代至少有两处显著不同。一方面，在 18 世纪之前，全新世时期的人类都在以适度的方式消耗能量：平均来看，人均消耗的能量甚至还不及自身肌肉能够产生的能量。需强调一下的是，这里说的消耗是指将能量转为己用。

另一方面，当时地球上的人口总数仍然有限，根据现在的估计，大约在 5000 年前人口总数还不及 1 亿。到大约 2000 年前的公元元年，人口经过起起落落后差不多翻倍达到了 2 亿。随后得益于中世纪的良好气候，人口在 1000 年前增长到了 5 亿。但是从那时候起人口又开始减少，大约 17 世纪初期，全球人口还不到 5 亿。在 18 世纪的工业革命初期，人口数量开始以每年 0.3% 的速度增长，按这个速度，应该需要 250 年才能翻倍。但是工业革命彻底地改变了两个关键因素：能源的使用和人口的增长。两者均直接跟如今所谓的经济发展联系在一起，以牺牲自然资源为代价。

不论是人口的增长率还是能源的消耗率，都呈指数增长。如今，这可能是对人类自身以及其他地球上的生物而言最大的威胁之一。随着人口数量和能源消耗的增加，越来越多的有毒废弃物产生，可供使用的食物和饮用水却越来越少，造成更为普遍的环境影响。

很显然人类的智慧落后于所有这些变化。在全新世的初期这些变化还相当缓慢，但是在最近两个世纪却开始加速，几乎全面爆发。批评这些改变并不合理：我们所有人，包括贫穷国家的居民，都比许多世纪之前的人要生活得更好；事实上，这种生活的改善在发达国家更为显著，而在次发达国家却很微妙，在那里，由于和发达国家的对比，贫穷变得更加残忍。

尽管有这样乐观的印象，过去和现在的许多事实却令我们心生疑窦。比如说深植于人性的战争本能——我们人类从不肯与自己和平相处。同样，还有社会的不均，以及权贵阶层对贫弱群体的压迫。更糟糕的是富裕国家和贫穷国家之间的鸿沟经常因为战争而变得越来越深，尽管在和平年代战争的影响不那么明显。战争导致了一种全新的人类迁移；由于战争而流离失所的难民和饥饿问题，不仅存在于眼前，还将越来越多地出现在未来。

毫无疑问，由于经济发展而带来的科技进步让人印象深刻，最终也给人类的健康带来积极的影响，提高了新生儿和儿童的存活率，降低了死亡率。我们人类寿命得以延长，尽管富人受益更多，穷人受益较少，但无一例外。也正因为如此，人口增长更为迅速。这并不是因为我们像兔子一样开始大量繁衍，而是因为我们不再像苍蝇那样快速死亡。

最近一个世纪人口的激增，可以被认为是生物圈内空前的胜利。有趣的是，这种胜利发生在我们人类。然而从生存角度来看，我们却并非自然界里最得天独厚的……如果不是因为人类的智慧，但又恰恰是人类的智慧，却最终导致了一些并不聪明的后果。

用数字来归纳这场人口激增相当容易。20世纪开始之际，于1901年，人口并非在18世纪初所预计那样翻倍，而是达到了那时的三倍：从5亿到15亿。年增长率上升到了0.5%，这意味着人口会在140年后的2041年再次翻番。但是事情再一次超出预期，于1970年，而不是预计的2041年，世界人口已经翻倍。更为糟糕的是人口的年增长率激增至 2.1%，这意味着人口的再次翻倍只需要 33 年的时间；这本身代表人口的异常的、爆炸式的增长；当新生儿数量相比死亡人数大幅增长时，就有了"婴儿潮"这一说法。在 2001 年，21 世纪开始之际，人口已经达到 60 亿。仅仅 15 年之后，人口达到了 73 亿。

几乎每一年都要新增 1 亿人口！按这样的增长速度，人口在短期内将不会停止爆炸式增长。在不久的将来，地球还能满足所有人的生存需求吗？生物圈是否会不堪重负？

令人惊讶的是，世界权威组织对于近一个世纪后的气候变化进行着预测，与此同时，却对这一如此迫在眉睫的问题继续沉默。

工业革命缺乏对人权和环境的尊重，这一点毋庸置疑，一开始还近乎招摇，到后来却遮遮掩掩。但是，尽管有了这方面的意识，但在当前世界盛行的经济发展体系下，人类依然败给了无节制而且持续增长的能源消耗，因为经济发展的基础是资本主义固有的利润追逐。

看看当前战争的例子。其中许多战争都是为了争夺中东极其丰富的石油资源所带来的经济利益，而另一些战争的爆发则是因为那些自古以来就有的荒谬目的（比如说，对方信奉不同的宗教，或者对方的政治制度看起来是不合理的）。

我们将来能找到解决这类问题的方法吗？可能答案要通过不同的机制来减缓发展带来的后果，而非依靠可持续发展这种乌托邦式的观点。因为如果继续讨论的是发达国家的发展，那所谓的可持续发展听起来跟不可持续发展没有区别。举例来说，应该要寻找可再生的清洁能源，代替我们如今大量使用的化石能源。因为目前的环境和经济问题，毫无疑问是能源问题——我们所使用的能源是基于对不可再生的化石燃料的消耗及浪费，因为这些化石燃料会逐渐耗尽，而且它们的使用会对环境造成危害。

在第三世界，人们无法想象比自己现在的生活更糟糕的情况。那些富有国家的领导人拿着高额津贴并乘坐私人飞机去参加有关气候变化和地区贫困的会议，他们在这些会议上所发表的讲话在第三世界人民听来想必是冷笑话，比如阿尔·戈尔。而英迪拉·甘地于1972年在斯德哥尔摩召开的联合国关于环境和发展的会议上的发言却很好，至今听起来仍然像是预言：最为糟糕的污染是饥饿。

而发达国家所实现的发展产生了一种浪费文明。[1]这个有趣却又可悲的概念涉及能源、食物、自然资源、水、空气和其他工业革命特色商品和服务的浪费。另外还要算上由于对各种废弃物的无视，这种自我毁灭式的无视虽然看起来不那么明显，但是从长远来看却更加严重。

基于市场经济的工业社会不鼓励产品的再利用，当然也不鼓励节约和回收，而是倾向于消耗原材料，仿佛这些原材料是取之不尽的。工业革命的发展导致对浪费的赞美，越来越多的垃圾被

---

[1] 至少存在两部著作具有类似的标题。
胡安·依格纳西奥·萨恩斯·迭斯：《浪费文明》，Dopesa出版社1972年版；
曼努埃尔·托阿里亚：《浪费社会》，Diaz-Pons出版社2014年版。

制造出来。

为了未来发展的可行性，人类应该将这些不平衡加以修正。若非如此，大自然则会按照它惯常的方式来加以修正：灭绝。就像在过去 40 亿年以来一直发生的事情一样。

面对这样一个人口不顾一切的增长，消费和浪费也大幅增长的现状，我们不禁要自问，未来在哪里？

在这本书中，我们从大约 138 亿年前的宇宙起源讲起，接着回顾宇宙一步步发展到今天的各个重要节点：从大爆炸开始直到最初的星系和恒星出现，太阳和其行星的形成，最近的 38.5 亿年期间生命的进化，大约几十万年前开始出现的智慧、工业革命，以及 21 世纪……

也许所有这些都出自偶然，我们身处当下只是机缘巧合。所以，在另一颗围绕恒星旋转的行星上发生类似的事件也不是不可能。我们真的可以肯定不存在外星生命吗？

另外，华莱士和达尔文神来之笔般发现的物种进化也存在疑问。如果物种进化在我们之前的千百万年间持续发生，难道不会继续吗？在这种情况下，目前的这些动物和植物又将进化成为什么样子？这个持续的进化过程是否影响人类？还是说，我们人类因为有了智慧，所以可以脱离这个进化过程？

也许我们创造出来的人造思维——如今称之为人工智能并不贴切，因为其中许多都是"专家系统"，其智能之处并不多——最终可以进化为某种真正的智慧，嵌入人工制造的躯体之中。这会是天方夜谭吗？

▶▷ 把科学作为可能的解决方案……或许也不行

在宇宙学中，科学可以给予我们关于未来的确切答案，但相当少；更多的是有待验证的假设，以及不算少的接近科幻的假想。这些假设和假想并不太有趣，但是我们将会概要地分析其中一些关于或近或远的未来的疑问。

1. 可能存在的外星生命

在 20 世纪中叶，美国天文学家弗兰克·德雷克提出了一套奇特的公式，用来分析外星生命存在的可能性，这套公式同时受到了科学家的赞誉和怀疑。德雷克在生前并不知道太阳系外行星的存在，但如今我们已经有了证据，这些太阳系外行星围绕不同的恒星，距离我们相当近；我们知晓的行星超过 1000 颗，其中不少与地球相似。这再次引发了争论：在已知的或其他尚未发现的行星上面，是否可能存在生命？以及，如果存在生命，它们是否可能在我们可及的距离内？

当然，我们不是指那些天真或荒唐的 UFO 专家关于外星人的论断，他们认为外星人到访过地球，并将个别人类"诱拐"至外太空。

在 1961 年，当德雷克担任搜寻地外文明研究所（SETI[1]）主

---

[1] 英语单词 Search for Extraterrestrial Intelligence 的首字母缩写。

席的时候，他掌握着当时顶尖的科技手段。他提议对我们的银河系内具备存在智慧生命条件的行星数量进行估计，这些智慧生命能够发射非自然的电磁波。作为射电天文学家的德雷克在位于弗吉尼亚的绿岸天文台任职期间构思出其著名的德雷克等式，用以估计可能与地球接触的银河系内外存在智慧生命的行星数量：

$$N = R^* \times f_p \times n_e \times f_l \times f_i \times f_c \times L$$

R^*：恒星（能够拥有行星）形成的年速率。

f_p：拥有行星环绕的恒星数量。

n_e：位于适居带的行星数量，这些行星距离恒星的远近适当，其温度适宜孕育生命。

f_l：行星上孕育出生命的可能性。

f_i：行星上演化出智慧生命的可能性。在地球上，这个过程曾耗费40亿年。

f_c：行星上智慧生命能够掌握通信科技的可能性。

L：该等科技文明能够持续的时间（以年计算）。

如今我们能够更好地估计这些可能性，但这个估算依然具有很高的投机性。事实上，我们只能说存在一颗同样拥有智慧生命和科技文明的行星的可能性在0（其实应该从1开始，因为至少存在地球）到100之间。而德雷克于1961年得出的结论是从1到10。

总之，在银河系中2000亿颗恒星之中，仅仅1—100颗行星之间可能存在智慧生命和科技文明。每300亿颗恒星才可能有生命掌握科技，这意味着那些"被选中"的幸运儿之间的平均距离为好几十亿光年。

如果信息的传递需要好几十亿年，那要如何与遥远的它取得联系？因此，许多专家一直认为搜寻地外文明（SETI）的计划只是在浪费时间和金钱。可以说，尽管存在外星智慧生命的可能性，但我们几乎不可能与这些生命取得联系：它们距离我们如根本不存在一般遥远。

还有其他的一些可能性。比如，存在其他不同于地球的生命形式：它们不需要水，不依赖于碳元素，甚至可能与由"化学"分子组成的生命毫无联系，它们可能仅仅是纯粹的"能量"……

2. 达尔文主义的进化是否已经停止？

这些有关外星生命可能存在的思考不禁令我们想到地球上存在的具有最高智慧的生命。尽管，"具有最高智慧"这一表达方式的应用更多是一种假设。

无论如何，我们提及的物种进化是一种过程，这个过程只简单地与偶然和时间有关（几十亿年），期间一颗简单的而且微小的古老细胞进化成为当前复杂多样的生物，其中包括我们这些掌握发达科技的智慧人类。在这个过程中，物种进化、适应、灭亡，成就新的生物多样性……但是，这个过程现在还在继续发生吗？

似乎不存在任何理由去怀疑它，当然，除非是我们不管不顾地去干扰这个过程。比如说，将物种进化过程中的绝大部分偶然性剔除——迄今为止这种偶然性表现为随机发生的基因突变——也许通过基因工程可以直接干预进化过程，而在"自然条件下"，这个过程需要经过很长一段时间内成千上万次的基因尝试和失败。

但是，包括植物、动物在内的所有生物，不论大小，都继续经历着偶然的突变，其诱发的原因多种多样，包括随机性这一点。这些突变中某一些最终对该物种有利并不是不可能；而同时由于这种偶然可能出现新的物种，正如从38.5亿年前到现在所发生的一切。

目前的情况是，尽管有时候我们人类生活给生物圈带来的影响是积极的，但生物圈中几乎没有任何一个角落幸免"污染"。另外，借助基因工程我们现在能够任意改变任何生物的基因信息，弃其"糟粕"，或者为我所用。

总之，达尔文主义纯粹的适者生存也许将被掌握科技的智慧人类的意愿所替代。事实上，这是我们人类从很久之前开始养殖家畜和种植植物时就在做的事情。如今，所有现代畜牧业和农业的动植物都是经过人工干预的，也就是说，它们现在的基因都已经不同于被人类干预之前的基因了。

同样的事情也发生于酵母和细菌的使用过程中，通过发酵等过程它们产生了新的生物体：啤酒、葡萄酒、面包以及许多其他人类由来已久的基础食物都是生物技术的产物，最初的生物技术是质朴却也是富有成效的。

总之，物种自然进化所需的时间以千年甚至百万年计，但是现在的效率已经今非昔比：实验室中，我们可以几天就完成某个特定目的的进化，而同一过程在自然界则需要几千年，而且具有偶然性。这种非达尔文主义的真正革命，影响了生物界的各个界和域。

3. 未来是否有真正的人工智能？

因为计算机科学和机器人的进步，我们在将来的某天就能够制造出来人造生命，包括人工智能吗？这些人工智能甚至具有感知的能力？

有些人认为存在某种特定的阻碍使以上这些不会发生，大概与人类生命的神圣有关，因为生命至高无上且触不可及。

但如果地球上出现的生命源自矿物元素，而这些元素在漫长的时间里偶然组合在一起，那么如今在实验室中借助人类的科技智慧复制一个类似的过程，这是否真的不可能？

和几乎所有伟大的科幻作家一样，艾萨克·阿西莫夫已然有过类似的想象。为了避免可能生出的矛盾，他提出了著名的机器人法则，来避免机器人反抗或伤害人类。但这具有神秘的浪漫主义色彩。几乎没有机器人脱离我们的掌控。如果有一天它们脱离了人类的控制，最终也许会成为艺术家，慷慨、博学而且严谨，但是，也许它们同时也会自私、残酷和不团结。

没有人会质疑机器人出现的可能性；事实上，它们已经应用在世界各个角落。它们目前还相当"蠢"，但是对于高重复性、令人厌烦或者具有危险性的工作（比如说在工业界，以及家居生活中），它们比人类更加擅长而且完成得更快，因此我们得以解脱。由此而产生了一个疑问：未来的某一天，机器人会像我们人类一样"聪明"，而且还有感情吗？这让人类看到了一些似乎荒谬的可能性：机器人爱上另一个机器人，又或者爱上某个人类。

　　只要现有的物理定律允许，科学就可以做出预测，而在这里我们尚缺数据。但随着我们逐步获取数据，可能答案至少是"并非不可能"。怎么可以否认发展出能够模仿我们人类大脑运转方式的计算机系统专家呢？

　　当然，如果要模仿就意味着得准确地知道大脑如何运转，而我们距此还差得很远。大脑在其 1.5 升的容量内所拥有的神经元，虽然数量有限，但也是一个天文数字（差不多超过 1000 亿，这和银河系中恒星的数量在一个数量级），每一个神经元都跟周边的神经元建立了若干联系。在今天看来模仿神经元这样复杂的运转机制仍旧很困难，但我们可以设想未来的某天这将变成现实。目前的电子元件非常强大和复杂，我们可以在一平方毫米的芯片上写入相当于整个图书馆的信息，而且在这方面的科技进展日新月异。那么，设想某一天我们能够用一个芯片或者其他介质模仿人类的大脑，或许并非痴人说梦。

4. 混沌

　　就在几十年前我们发现，相对于自伽利略和牛顿以来在科学中普遍应用的决定论，出现了与概率性的非决定论结合在一起的新的科学形式，比如相对论和量子力学；以及非概率主导的非决定论——混沌。

　　如今我们知道，在生命和地球科学之中混沌无处不在。实质上，当分析某种转变时就会出现混沌现象（也就是说，所有的改变都有一个起点和一个终点），转变过程中呈现出对起点处微小改变的极端敏感性。在混沌的转变中，最终的条件可能变化不大，抑或天翻地覆。糟糕的是我们无法知晓混沌。尽管为了获得有效的结果，物理学家以概率的方式来处理量子体系，但我们尚不知道如何从数学角度来计算混沌，也没有数学工具来定义混沌。

这是否意味着，当混沌出现时，我们只能束手无策？物理学家以实验为基础，在所研究议题的范围和性质内，通过充分地简化处理混沌，比如将混沌和乱流联系在一起。或者，使用近似解的方程式：比如，气候模型就是这样工作的，长期来看该模型得出的结论是基本准确的，但也可能是严重错误的。

但是，科学前进的脚步不曾停歇，也许答案就在许多变量的混沌行为之中，以某种确定性的方式存在，比如说，所谓的确定性吸引子。数学和物理学对此尚未定论。毕竟这不是一件小事；比如有关地球气候的潜在问题，还有心律失常时，以及心房或心室有颤动时，心脏跳动的节奏都很混乱。此外，许多的流行病和疫情的症状看起来都是混乱的。一些严重的飞行事故也是因为始料未及而且无法预测的混乱气流。

▶▷ 太空旅行：逃离一颗被废弃的行星？

对宇宙空间的探索可能是人类史上开展得最为艰巨的历险。尽管现在几乎没人再提起1957年发射成功的斯普特尼克1号，或者于1961年第一位进入外太空的宇航员尤里·加加林（甚至有人无视所有的证据，依旧对1969—1972年人类六次登陆月球表示怀疑），人类对太空探险依然热情高涨：在火星寻找可能存在的古老生命，往返月球的旅行，对于太阳和其他行星的研究，飞掠冥王星，巨大的轨道望远镜，承载六人的国际空间站，这六名宇航员在太空停留数月后成功返航。

更不用说有关灾难性小行星的电影，或者不同类型的太空旅行（我们这里所指的并非文学作品、电视或者电影中数不清的科幻故事），以及最近才发现的太阳系之外的行星，还有黑洞的魔力和宇宙的边界。

除此之外，近地轨道中已经分布了越来越多的各类卫星。即使1957年斯普特尼克1号所取得的惊人成就现在看来已经不足为奇，它开启的太空探索的脚步却势不可当地继续前行。

地球引力将我们困于地面，但是人类却一直怀有像鸟儿一样飞翔的梦想，如果可能的话，甚至希望飞得比鸟儿更高。火箭让这些梦想得以实现，这还要感谢牛顿提出的作用与反作用力原理。中国人其实早就了解，并据此发明了火药、烟花和爆竹。在此之后，基于这个科技，很不幸地出现了著名的军用火箭复仇兵器第1号和第2号（V–1和V–2），希特勒正是用这样的飞行炸弹轰炸了伦敦。他们的设计者是沃纳·冯·布劳恩，他在战争结束后转为美国国家航空航天局效力，继续制造更为强大的，同样具有军事目的的火箭（不要忘了，尽管美国国家航空航天局的许多使命在于科学探索，但其也是一个军事机构）。

然而第一位想到把火箭应用于太空旅行的是一个多世纪以前一位谦逊但想象力丰富的俄罗斯教师康斯坦丁·齐奥尔科夫斯基。

这个俄罗斯人在技术上无可挑剔又富有远见的想法，被其后的学者变成现实：从美国人戈达德以及德国人奥伯特和冯·布劳恩，到第一颗人造卫星和载人航天飞船（宇航员加加林、瓦莲京娜·捷列什科娃）之父俄罗斯人科罗廖夫。

随后，为了研发能够远距离运输原子弹的火箭，冯·布劳恩率领的美国团队和科罗廖夫的俄罗斯团队之间展开了技术和媒体中的太空竞赛，这种火箭在征服外太空的同时，其军事目的以不流血的形式得到验证，这样才能够和战争"撇清关系"。

当肯尼迪总统宣称美国将在 20 世纪 60 年代登陆月球时，美国人为之一惊，因为彼时他们尚不具备此类的火箭。美国人于 1962 年才开始启动这类研究，而相比之下苏联人领先许多。

加加林成功环绕地球飞行之后十个月，约翰·格伦才于 1962 年实现了一次极为短暂的沿轨道上下飞行，而非环绕地球。美国人明显落后于俄罗斯人。诚然，美国人最早登陆月球，但那是后话。不管怎样，肯尼迪总统彼时的发言听起来都像是虚张声势，几乎是白日做梦。

然而，帮助苏联在太空竞赛中取得成绩的火箭设计师科罗廖夫于 1966 年去世；受到艰难的政治—军事冲突的影响，苏联宇航局的研究工作最终不得不半途中止，已有优势也化为乌有。事实上，苏联放弃了载人登陆月球的计划：他们专注于研制出更为强劲的火箭，用来运载无人驾驶的宇宙飞船前往卫星，同时，他们为军事目的积攒了许多火箭发射器。

与此同时，美国人比苏联人深谙宣传方面的明争暗斗，继水星计划、双子座计划之后，阿波罗号最终完成了人类登陆月球的目的。1969 年 7 月，阿波罗 11 号历史性地成功携带三名人类宇航员登陆月球，其中，阿姆斯特朗和柯林斯走出飞船踏上月球的地面。肯尼迪并没能目睹这一切，他于 1963 年在达拉斯遇刺。此后，又有七艘登月飞船，包括有惊无险的阿波罗 13 号。截至1972 年，总共有 12 名人类曾登上月球，并带回了月球样本，在月球上放置了不同类型的仪器，这些仪器至今仍在运转。这就是对月球的全部探索：人类不再对其感兴趣。即使在半个世纪之后的今天，似乎对月球的研究兴致也未重燃。

　　无论太空飞船是否载人，都可以分为两种类型：绕地球轨道运转的卫星，以及飞向更远的宇宙飞船。卫星有两大类，一类是近地轨道卫星，距离地球表面只有数百千米，具有多种民用功能，但也承担军事谍报任务；另一类则是距离地球 3.6 万千米的地球静止轨道卫星——由亚瑟·克拉克在他一部于 20 世纪中期发表的科幻小说中提出——它们围绕地球赤道运转，与地球自转同步，因此，这种卫星看起来好像"挂在"同一个位置。这一类卫星主要是气象卫星和通信卫星。

　　也许最有趣的卫星是空间站，承袭自加加林驾驶的东方号运载火箭。美国最重要的项目是航天飞机，一种可在太空轨道和地球之间往返的巴士，它配备一个机舱，满载预制模块或者各类型的卫星和仪器。第一架航天飞机被称为哥伦比亚号，于 1981 年 4月首次发射；在完成 135 项任务后，最后一架航天飞机亚特兰蒂斯号 2011 年最后一次完成飞行。而苏联最重要的空间站是和平号空间站（MIR，俄语意为和平），曾打破了人类在太空停留超过一年的纪录。和平号空间站于1986年发射，一直运行至2001年；一件逸闻是宇航员谢尔盖·克里卡列夫于1990年到达和平号空间站的时候还是苏联人，但十个月之后返回时却属于另一个独联体国家——它是苏联于1991年12月宣布解散后，由苏联的15个共和国之中的10个国家共同组成的。

现如今，承袭自和平号空间站的巨大的国际空间站（ISS[1]），是五个国家空间局（美国、欧洲、加拿大、日本和俄罗斯）通力协作的成果，另外11个国家也曾参与合作。幸好，外太空不再是一个竞争之地，而成为一个和平的学习和研究中心。

宇宙飞船则仍然以遥远的宇宙深处作为目的地。无论是过去还是现在，宇宙飞船都是无人驾驶的（除了阿波罗登月计划之外）。一些宇宙飞船曾在行星、卫星或者彗星投放过空间探测器。在火星上，一些探测器装在移动车辆上，可以探测着陆点附近的地表和地下区域；比如说，于2012年登陆的火星探测车好奇号仍持续地传回令人吃惊的图像和珍贵的地质数据。

总之，借助各类卫星和宇宙飞船，无论是近地空间还是外太空，我们的认识程度都远胜从前。尽管如此，是否值得投入如此之大的财力仍然是个问题。

这个问题不容易回答。比如说，为了第一个登陆月球而展开的不见硝烟的战争，事实上是为了获取更为强劲的火箭，能够运

---

[1] 英文单词 International Space Station 的首字母缩写。

载原子弹去轰炸敌人的领土。尽管受到宣传的影响，许多人认为这些花费不具有生产价值（即便是出于军事目的，这些花费也不会变得更有"生产价值"或者更合理，只会更糟），但却有意料之外的科学意义和实际应用。因为有了卫星，我们不仅可以看电视和听广播，而且可以将其应用在许多领域，包括气象、通信、海陆空导航、对土地和自然资源的研究与开发。许多新式的医疗设备都基于最初为了空间探索而研发的技术，此外，还有衣服或鞋子的多种面料，日常消费中用到的微电子技术、计算机和电视屏幕、新材料、纳米技术、太阳能电池板等，甚至厨房用的锡纸或者电子手表的电池都是太空竞赛的产物。此外，还有自行车和摩托车头盔的材料、防紫外线的太阳镜、电子温度计、便携式滤水器、消防员和极限运动员服装的耐火面料、不漏水的圆珠笔（设计初衷是在失重的条件下也能不漏水）、可识别的条形码、一次性手帕、防腐涂料、心脏起搏器、不会有划痕的隐形眼镜、微波炉、制作药物的微型胶囊……全世界总共有3万种商业化产品的来源是航空航天技术。据美国国家航空航天局估计，用于空间探索的每1美元，都能得到7倍的间接回报。

从逻辑上讲，从航空航天技术中获益最多的应该是宇宙学。当下的许多宇宙学知识都来自卫星和宇宙飞船，它们不但提供了太阳系中距离地球较近星球的细节信息，还有距离我们遥远的外太空星球的情况。

然而，即便以上所有这些都算作是成绩，难道过程中我们不曾付出了同样多的代价？比如研制能携带核武器的导弹过程中牺性的人类。由于此类带有军事目的的研究，如今世界上共有 1 万多颗活跃的核弹。

而未来还有一个可能成为太空历险最大动力的因素：旅游。当然，在太空中生活和工作并非一项简单的任务，而是需要特殊的准备。直到现在，也仅有训练有素的人员能够面对这项挑战。感谢宇航员冒险完成的工作，如今人类能够越来越安全地前往外太空。第一位太空旅行家出现于 2001 年，他是美国富翁丹尼斯·蒂托。这一趟太空旅行共耗费他 1.5 亿美元。自那时起，许多其他的富豪也效仿他，斥巨资到太空旅行。目前，太空旅行所需花费至少是 15 万欧元。

其实这还不能称之为太空旅行。但的确存在一些公司开展这类业务，包括低级别的短暂地往返卫星轨道，以及未来可能更丰富的飞行选择，甚至在卫星轨道酒店住宿。谁知道呢，也许这酒店是在月球。

也有人在计划到火星的单程航班，但没人知道这是否属实。一切皆有可能，也许最初的殖民者将留在火星，甚至繁衍生息，成为真正的早期火星人。

这一切听起来都像是科幻小说，但是却正在进行中。比如维珍集团及其子公司维珍银河的老板理查德·布兰森，或者简写为 S3 的瑞士财团，正在建设属于自己的能够往返太空的系统，如今，这些系统仍受限于所使用的美国国家航空航天局或俄罗斯宇航的设备。为此，维珍集团已经在美国新墨西哥州的一个小镇建设了属于自己的太空游机场（英语是 spaceport），用于旗下"太空船"

飞机起飞和降落。我们面对的不再是计划，而是现实。而且这一切看起来都不会停止。

遗憾的是我们活得不够长寿，无法看到未来梦想成真。

在更长远的未来，人类可能会建立大型太空殖民地，收容数百万不得不逃离濒死地球的人类。甚至可能占领其他未经开发的行星，用以建设更加公正和平等的社会。但这一切听起来真的就是科幻小说。如果我们人类在将来的某一天把地球破坏到无法继续居住而不得不逃离去外太空，那么应该反思的是，逃离地球的人类是否会组建一个类似的社会，或者是，同样不完美的一个社会。

▶▷ 宇宙的灭亡……除非，宇宙是永恒的

自圣约翰的《启示录》开始，有关世界末日的话题就存在于所有人类编撰的预言之中。尽管没有任何科学基础，但其背后的逻辑无可争议：如果我们眼前的一切的存在起源于某个时点，那么几乎可以肯定的是，将来某一天这一切也终将消亡。

然而，有关世界末日科学作何解释？我们是否能够预测一切如何终结？如果我们接受了大多数专家有关宇宙起源达成的共识，认为宇宙开始于大约138亿年前的大爆炸，那么，关于世界末日是否有另一个共识呢？

答案是相当值得怀疑的。即使我们当时接受了大爆炸理论，宇宙最终的结局可能也是在永恒地、无限地膨胀的同时变得越来

越冷；又或者膨胀停止，并且收缩，直到与大爆炸相反的大挤压（将在未来150亿—200亿年之间发生）。再或者，维持静止的状态。

　　如果我们不接受大爆炸，也还有其他的理论：宇宙的体积在膨胀和收缩之间震荡，在好几十亿年间来来回回呈现周期性变化。又或者平行的多重宇宙论，平行宇宙之间无法接触；或者静态宇宙中，星系在一些地方产生，却又在另外的地方消失。

　　这些理论有太多的不确定性，并且所提到的未来仅有理论意义。也许正因为如此，思考人类、地球上的生命以及地球自身的末日才显得更有趣。这些更可以被称为"世界末日"。

　　人类出现的时间相对较短。最早出现的"智猴"距今不过300万或400万年，晚期智人的历史也许还不到10万年，而我们科技人类的历史甚至不到一个世纪。所以很有可能人类至少还能再存活这么久；但仅需要一场全面的核武器战争就将终结地球上的人类，以及大部分的动物和植物的生命。但即便不是这样，也很难预测地球上的人类生命未来的极限。

　　然而地球和所有在地球上继续存在的生物的确生命有限。如果我们排除发生宇宙大灾难，比如地球和某个流星或者其他彗星相撞的可能性——平均来看，每经过1亿年就会发生此类的灾难；尽管灾难后生物数量骤减，但却总有些能存活下来——地球的最终命运将与太阳息息相关。我们都清楚地知道太阳什么时候死亡，以及太阳死亡后接下来的几个阶段。因此，除非出现如今未知的元素，地球将随着太阳的死亡而灭亡；而这将发生在大约50亿年之后。

太阳这种恒星自诞生到死亡的每一个阶段我们都了解得相当清楚。我们还记得太阳诞生于大约50亿年前，从那时起就一直在进行氢核聚变（质子），生成了氦；已知太阳每秒钟"消耗"6亿吨氢，那么通过计算剩下多少氢就足以知道太阳的生命还剩下多久。结论是太阳还剩下50亿年的生命。

但是对于地球上的生命而言，所剩时日要少许多。我们一起来看看为什么。

太阳这一程序化死亡的第一关键阶段将在"不久"的将来发生，大约是4亿年后：到那个时候，太阳比现在的热度增加5%。地球上的气温也会升高，但另外二氧化碳会大量减少，生物多样性也随之降低。至于人类，无疑有可能在那之前已经灭绝，又或者殖民了其他星系的行星，在宇宙中传播了自己的基因。再或者，最有可能的是人类得以借助科技适应地球上逐渐变化的环境。

在大约10亿年之后，太阳的热度将进一步增加；届时地球上的生命可能将完全灭绝：事实上，地球表面可能不再有液态水。自那时起，在太阳剩下的40亿生命周期内，太阳将逐渐增大，炙烤着毫无生机的地球。

最关键的时期是45亿年之后：太阳的体积将变得非常巨大——高温会使它更加膨胀——从地球上看（如果还有人能够看到）占满了整个天空，散发着炽热的红色光芒。地球上的温度将达到1000度，地球会变成巨大的熔岩海洋，空气中布满腐蚀性气体。太阳将成为一颗红巨星，其氢原子正逐渐耗尽。

在大约50亿年后，体积巨大的太阳将吞噬水星和金星。地球和火星将彼此靠近，并因为引力的排斥作用而逐渐远离太阳。同时它们将成为"烧焦"的行星。

最终，氢原子耗尽，太阳开始进行氦核聚变。这个突然的变化将使太阳的体积急剧缩小（氦原子更大的密度弥补了温度），太阳将突然塌缩，并且变得更加炽热。红巨星将变为一颗白矮星。

随着氦原子的聚合，质量更大的元素将会产生，比如碳和氧。太阳将重新开始增大，直到再次成为一颗红巨星：这个过程将需要几亿年。

最后的这几个阶段进展相当快：一旦氦原子耗尽，太阳又将塌缩，变成一颗体积更加小的白矮星，大约是目前太阳体积的1%。但这一次，太阳所剩的质量不足，温度将开始下降。聚变的过程也将停止。太阳逐渐熄灭，变成一颗又冷又暗的恒星，我们称之为褐矮星。

如此的结局才是真正的世界末日。我们所处世界的末日。

附　录

附录 1　地球生命的日历

（距今以百万年计）

4500：行星"地球"诞生；冥古宙

3850：太古宙；最古老的岩石，可能有生命迹象

3550：最早的太古生物微体化石（处于碳酸钙沉淀形成的叠层石中）

2500：元古宙；出现单细胞生物（具有细胞核的细胞），大气中的氧气变得充足

620：最早的多细胞海洋生物（埃迪卡拉生物群）

540：显生宙；生命在海洋中进化得越来越复杂，出现最早的海洋生物。寒武纪生物多样性大爆发（丰富多彩的海洋动植物遗迹的化石记录）

500—450：最早的海洋脊柱动物（鱼类）和非常初等的陆地植物（化石孢子）

438：第一次大规模的生物集群灭绝

400：昆虫出现

375：最早的陆地脊柱动物（两栖动物）

369：第二次大规模的生物集群灭绝

369—290：森林扩张，其遗迹转化为现在的煤炭

350：鲨鱼的祖先

325：羊膜动物的蛋和爬行动物；脊柱动物脱离水域

300：裸子植物，具有种子和花粉

253：第三次大规模的生物集群灭绝

225：恒温动物（最早的哺乳动物）；直立的恐龙（运动敏捷）

213：第四次大规模的生物集群灭绝

200：鳄鱼的祖先

155：鸟类

120：开花的植物

65：第五次大规模的生物集群灭绝（恐龙以及许多其他生物灭绝）

50：可以抓握而且具有立体视觉的动物

28：最早的猿类

8：现代的人类和大猩猩分化

5.5：现代的人类和黑猩猩分化

4.4：最早的双足原始人（地猿）

4—2：南方古猿

2.6—1：傍人

2—1.6：能人

1.8—1.4：匠人

1.2—0.2：直立人（手斧，火）

1—0.8：前人（阿塔普埃卡）

50万—3万年：尼安德特人（出现坟墓）

20 万年至今：智人

4 万—1 万年：智人的一支克罗马农人（智慧，符号）

1.1 万—1 万年：全新世开始，人类走出洞穴，开始农耕、畜牧、冶金⋯⋯

6000 年：青铜时代

5500 年：最早的文字

3000 年：铁器时代

200 年：工业革命

2001 年 1 月 1 日：开启公元后第三个千年

附录 2　宇宙学的历史里程碑

距今 3600 年：青铜时代初期，生活在美索不达米亚地区的苏美尔人相信世界是平坦而且是圆形的，周围环绕着未知的宇宙海洋。

距今 3200 年：印度古老的吠陀经文包含对宇宙起源的描述，诞生于"金蛋"或"金色的胚胎"。

距今 2350 年：亚里士多德构思出地心说体系，地球位于宇宙中心，被认为是无限的。这套理论盛行了 1500 年。

距今 2240 年：萨摩斯的阿利斯塔克斯提出日心说理论，认为太阳位于宇宙中心，行星围绕太阳旋转。

距今 2100 年：一些印度往世书（以梵文撰写的吠陀经文）的宇宙观认为地球是平的而且静止不动，周围围绕许多海洋，均以地球为中心，每 432 万年经历一个周期（创世、灭亡和轮回）。

2 世纪：克劳狄乌斯·托勒密支持亚里士多德的地心说理论。

964 年：波斯天文学家苏菲确认了仙女座星系和大麦哲伦星系的存在。

1170 年：中国哲学家朱熹建立了一套理论，认为天地万物都始于混沌，太极为理，阴阳为气，理气相合而生物。

1543 年：哥白尼在《天体运行论》中提出了他的日心说理论：

包括地球在内的所有行星围绕太阳旋转。

1576 年：托马斯·迪格斯完善了哥白尼的理论，他认为宇宙没有边界，有无数恒星。

1584 年：乔尔丹诺·布鲁诺比哥白尼走得更远：太阳系并非宇宙中心，而只是无数恒星星系中的一个。

1588 年：第谷·布拉赫提出行星围绕太阳旋转，而太阳和行星作为整体围绕地球旋转。

1610 年：开普勒根据自己的观测，提出支持有限宇宙的论据，此外还建立了关于行星围绕太阳的运动轨道的定律。

1610 年：伽利略的《星际信史》记录了有关日心说最早的观测实验。

1687 年：牛顿描述了宇宙范围内的运动，并提出万有引力定律。

1751 年：由狄德罗和达朗贝尔统筹编撰的《百科全书》第一册问世。

1755 年：拉凯叶出版了第一部星座目录，而康德发表其著名的《通史》，认为宇宙源自混沌，是不完美而且自给自足的，并认为神的角色不是必要的。

1838 年：贝塞尔首次确定了一颗恒星视差，而这颗恒星距离地球十光年。

1905 年：爱因斯坦发表狭义相对论，提出时间和空间在四维的宇宙中是关联的。

1909 年：斯利弗首次观测到螺旋星云的红移，并认为造成红移的原因是星云相对于地球正在远去。

1916 年：爱因斯坦提出广义相对论，这成为理解现代宇宙学的基础。

1922 年：弗里德曼发现广义相对论方程式的解，用以阐述宇宙的膨胀，可能是有限的，也可能是无限的。

1927 年：勒梅特论述了宇宙膨胀理论，并提出他自己的宇宙蛋理论，认为原始的宇宙诞生于一个能量点。

1929 年：哈勃将勒梅特的理论进一步细化，并建立了他自己有关宇宙膨胀的定律，即哈勃定律。

1933 年：兹威基首次观测到星系中的引力问题，引入"消失的质量"，如今称为暗物质。

1948 年：伽莫夫、贝特和阿尔菲提出宇宙最初的瞬间由于中子被迅速吸收而产生核聚变。赫尔曼和阿尔菲预言了宇宙微波背景辐射的存在，是早期宇宙遗留下来的辐射。

1948 年：霍伊尔及其同事一起提出了稳恒态宇宙模型，认为任何期间从任何地点看到的宇宙都是同样的形态。

1950 年：霍伊尔以讽刺的方式首次使用了"大爆炸"一词。

1965 年：彭齐亚斯和威尔逊发现了宇宙微波背景辐射的信号，这些信号源自大爆炸遗留下来的辐射。

1966 年：霍金和埃利斯从数学角度证明了任何遵循相对论的宇宙学必定起源于大爆炸奇点；人择原理的雏形。

1968 年：卡特首次使用了强人择原理，他观察到宇宙的基本常数必须允许我们人类的存在。

1973 年：特莱恩和其同事提出宇宙可能是大规模真空的量子波动，在质量的正能量和负引力潜在能量之间达到平衡。

1974 年：霍伊尔和其同事证明了大爆炸之后产生了大量的氘和锂。

1981 年：古斯提出大爆炸后的初期宇宙暴涨，解决了许多新发现所带来的问题。

1990 年：宇宙背景探测者（COBE）卫星证实了彭齐亚斯和威尔逊发现的微波背景辐射；由此推翻了稳恒态宇宙的假设。

2006 年：威尔金森微波各向异性探测器（WMAP）捕获到比宇宙背景探测者（COBE）更为清晰的有关微波背景辐射的图像；六年之后，基于这些数据确定了宇宙的年龄为 137±2 亿年（即 135 亿年到 139 亿年之间）。

2014 年：普朗克卫星获得有关宇宙年龄迄今为止最精确的数据：137.98±0.37 亿年；即大约 138 亿年。

附录 3　评论参考书目

　　如果一位作者要给自己刚刚完成的著作推荐补充阅读书目，他一般都会介绍比较学院派的书籍（"政治正确？"），所推荐的长长参考书单不过是为了证明自己是深入研究后才写就该作品。

　　我对此态度表示尊重，但我绝对不苟同。对于我来说，短小精悍的书单往往帮助更大，其中的作品都是作者认为重要、有趣的，或者仅仅是他们喜欢的；相反，那种无限长的书单所包含的作品，对我们来说仅仅是存在而已。

　　接下来要推荐的十部作品都是我出于各种各样的原因而非常喜欢的。并且这些作品帮助我在阅读科学杂志或物理数学方面艰深的书籍时，对于理解那些最值得反思的知识形成了自己的一套标准。其中两部作品是法语的，我觉得非常值得一看，但我不知道它们是否被译作西班牙语。其他的作品都是以西班牙语写成的，或者是被译成了西班牙语。西班牙语世界的著作作者包括塞万提斯、聂鲁达、奥克塔维奥·帕斯、胡安·拉蒙·希梅内斯、加西亚·马尔克斯和佩雷斯·加尔多斯。

　　如果读者喜欢本作品，那么肯定也会喜欢我推荐的这十部作品，或者其中大部分作品。

Poussières d'Étoiles, Hubert Reeves（《星尘》，于贝尔·雷弗），
Éditions du Seuil 出版社，巴黎，1984 年。

这是一部经典的宇宙学科普著作，装订精美，包含出色的配图。法国—加拿大天体物理学家于贝尔·雷弗用散文和诗歌一般的语言准确地描述了宇宙的历史。在这本书中，作者从宇宙起源开始讲述人类系谱。以"世界的奇观和天体地理学"开篇，以"生命的博彩和大自然最终的意图"结尾，通过以上文字就能够概要地了解这部作品。

Coincidencias cósmicas, (materia oculta, especie humana y cosmología antrópica), John Gribbin y Martin Rees［《宇宙奇遇（隐秘物质，人类和人择宇宙学）》，约翰·格里宾和马丁·里斯］，Pirámide 出版社，马德里，1991 年。

这部作品由许多宇宙学的历史故事所构成，两位世界级的科普作家深入探讨了宇宙的存在及其本质，生命和人类在宇宙中扮演的角色……总之，是有关我们为什么存在这个永恒的话题。这部作品完成于大约 25 年前，因此没能够加入最新的卫星观测结果，比如宇宙背景探测者（COBE）、威尔金森微波各向异性探测器（WMAP）以及普朗克卫星，但这完全没有影响两位作者对于宇宙的过去、现在和未来所进行的思考和证明。

Guía de la Tierra y el espacio, Isaac Asimov（《地球与空间指南》，艾萨克·阿西莫夫），Ariel 出版社，巴塞罗那，1993 年。

这也是一部关于宇宙学的经典之作，其作者是世界知名而且多产的科普作家。事实上，这是他最后一部作品，他于成书的同一年 1992 年去世；次年，这部作品在西班牙出版，在以科学为主题的书籍中算是出版速度很快的。这本书的内容延续了阿西莫夫惯用的一问一答的方式，总共有 111 个问题，不仅富有教育性，而且易于阅读和理解，包含丰富的知识。其中涉及的一些具有前瞻性的知识；在此无须过多着墨，仅以此书最后一个有关暗物质的问题为例，作者于 20 年前针对此问题的答复置于当下也不过时。

Supernova, Dominique Leglu（《超新星》，多米尼克·勒格鲁），曼努埃尔·托阿里亚作序言，哈维尔·阿门蒂亚作结语，凯蒂·萨帕塔翻译，Celeste 出版社，马德里，1995 年。

这本书记录了一位法国科学记者对于壮观的超新星所进行的建设性描述。这颗超新星是 1987 年通过望远镜在围绕银河系运转的大麦哲伦星系中突然观测到的。勒格鲁没有局限于以新闻报道的形式向我们描述该事件，而是介绍了与此事件有关的知识：什么是超新星，恒星是如何诞生和如何死亡的。这些知识有的是我们在 1987 年之前就已经知道的，有的则是在此次观察中可以学习到的。一颗巨型星球从生至死的大事记被生动又深入浅出地描述出来，令我们更贴近这一发生于宇宙中重要居民——星系和恒星——上的大事件。

A través del maravilloso espejo del Universo, John Briggs y F.

David Peat（《镜中宇宙》，约翰·布里格斯和戴维·匹特），卡洛斯·加尔迪尼翻译，Gedisa 出版社，巴塞罗那，1996 年。

这是一部无论在深度还是广度都很优秀的著作。两位作者一位是来自纽约的社会学家及科普作家，另一位是加拿大物理学家。他们在 312 页的篇幅之中描绘了科学"理论和机器"自哥白尼和伽利略以来不断给现居于地球上的人类所带来的巨大惊喜。到了今天，世界的概念被看作是从镜子中反观到的宇宙。这难道是柏拉图地穴寓言的现代版本？这本书发人深思，不但向读者传授知识，还引发思考。虽然成书于 1985 年，但是其内容却完全可以赶超现代的很多书籍。

El cosmos en la palma de la mano: del Big Bang a nuestro origen en el polvo de estrellas, Manuel Lozano Leyva（《手掌中的宇宙：从大爆炸到我们在星尘中的起源》，曼努埃尔·洛萨诺·莱瓦），DeBolsillo 出版社（企鹅兰登书屋），巴塞罗那，2012 年。

洛萨诺·莱瓦不仅是一位来自塞维利亚的专注于核物理领域的研究者和教授，还通过多部著作积极地普及科学文化和批判精神，这些著作毫无疑问是成功的。这本书涉及对宇宙从起源到未来的理解，是一本有趣而且引人入胜的书。作者试图为我们讲述原子和原子核，读者因此不但可以理解原子是什么，还能够明白原子如何构成我们人类的。为此，还需要了解恒星是什么，如何诞生、生存和灭亡，以及在星系中发生的一切；显然，作者试图让读者最终渴望深入地了解宇宙。

La vida en el Universo, F. Javier Martín-Torres y Juan Francisco Buenestado（《宇宙中的生命》, F. 哈维尔·马丁 – 托雷斯和胡安·弗朗西斯科·布埃内斯塔多），西班牙科学委员会（CSIC）– Los Libros de la Catarata 出版社,《我们知道什么？》系列丛书，马德里，2013 年。

这是一部精彩的著作，内容充实，易于理解。作者是一位专注于在宇宙空间寻找生命的科学家，也是一位善于讲解生命的科普作家，包括生命为什么可能出现在地球上，以及是否可能存在于宇宙的其他角落。这本书属于一套越来越完备的系列丛书，其中每一本书的篇幅都不长，经过西班牙科学委员会编辑出版，尽管其内容与最前沿的研究课题有关，但看起来跟 75 年前在法国出版的系列丛书《我知道什么？》颇为相似。

El diseño inteligente, ¡vaya timo!, Ismael Pérez Fernández（《智能设计，纯属骗局！》，伊斯梅尔·佩雷斯·费尔南德斯），Laetoli 出版社，潘普洛纳，2013 年。

这本书的作者虽然年轻，却是该书相关问题的专家（他是马德里天文学会宇宙学分会的会长）。在这本书中，他提出了一个争论，以科学的态度充分地加以论证；他还以批判思想质疑了宇宙是经过智能设计的这一信念，相比欧洲，此信念在美国更为根深蒂固。这部著作通俗易懂，在数据和逻辑论据方面都很完善。文中提出了许多质疑；因为科学的方法就在于质疑，在于不要把任何事情都看作是理所当然，在于解决看似无解的问题，在此基础上，在不断更新的知识中取得进步。为什么在学习知识的过程中缺乏怀疑精神？也许因为接受比怀疑更容易；用作者自己的话说："我们知道没有任何证据可以证明宇宙是某类神族设计出来的。而我试图用论据和证据来说服读者。"

La vitesse de l'ombre: aux limites de la science, Jean-Marc Lévy-Leblond（《阴影的速度：科学的极限》，吉恩 - 马克·莱维 - 莱布拉德），Éditions du Seuil 出版社，巴黎，2006 年。

作者是法国著名物理学家和哲学家。在他的这部著作中，尽管宇宙学被一带而过，但却总是作为对科学的终极反思的基础而存在。这本书的标题就已经表明作者的意图：强调了现代物理学在分析宇宙整体时遇到的悖论，比如影子的速度可能比光还快。许多的实验解决了那些好学之人提出的问题，也摆正了认知的转变在现代社会中应该占据的位置。这部作品发人深思，极富想象力。

Las leyes del cielo. Astronomía y civilizaciones antiguas, Juan Antonio Belmonte（《天空的法则——天文学和古文明》，胡安·安东尼奥·贝尔蒙德），Temas de Hoy 出版社，马德里，1999 年。

最古老文明的宇宙起源说总是以观察世事作为起点，该文明所在区域的人民以此来了解自己周围的环境；当然，这其中包括所看到的天空。这本书的作者是著名的西班牙考古天文学家，同时也是加纳利群岛天体物理研究所的研究员和多产的科普作家。

他在这本书中向我们阐述了古代天文学的基本概念是如何帮助那些古老文明的人们建立起一套通用法则，联系超人类的神，用以解释他们周围的世界，包括苏美尔人、埃及人、希腊人还有罗马人。必须承认，尽管我目前对考古天文学的爱好是在专注研究天体物理学之后，但这种爱好在很大程度上归因于我对这本书的反复阅读，它不仅好看，而且蕴含丰富的科学知识。

| 译后记 |

壹

孟凡济

阅读这部作品是一场有趣的体验。本书的前半部从考古天文学的角度出发，展示了不同文明对于宇宙起源的解读以及人类认知的变迁；接着讲述了宇宙学方面一些杰出的哲学家和科学家的生平，借此巧妙地展开了宇宙学发展史这部浩瀚的画卷。后半部则介绍了宇宙学的若干基本概念，生动地重现了地球诞生并孕育出生命的场景，并深入浅出地描绘出宇宙的过去和未来。

作为一本科普读物，本书除了提供丰富的宇宙学知识，还带领读者回顾了人类对宇宙的探索之路。在这个过程中，人类从早期的理性思维，发展到以实验和观测数据为基础的现代科学方法，其间不乏黑暗与挫折，甚至付出生命的代价。字里行间可以看出作者对理性思维以及现代科学方法的坚持，对怀疑精神和自我反思的推崇，这种态度很好地契合了人文科普的主旨。

翻译一部西班牙语读物是我一直以来的愿望。2017 年年初，得知我们将如愿地在 11 月迎来第一个宝宝，我终于下定决心和吴博士一起完成一本译作，送给即将出世的小豌豆。在此书翻译工作完成之际，我想感谢中国社会科学出版社的老师们和一直支持我的家人与师友，让我的这个念想变成现实。

贰

吴见青

"我在哪儿"和"天上有什么"这类问题，大概是人类亘古不变的好奇心的源泉。中学时代，我是《科幻世界》杂志的忠实读者。在诸多的科幻作品中，那些对于无尽宇宙的想象和描述，那些未来将要发生在太空中的无限精彩，曾如同星火般照亮了一个少年的心灵。时隔多年，在审校和润色这个译本时，我又一次体会到了这种感动。在全书尾声，讲到太阳的最终结局时，这位一直娓娓道来的作者却未再过多着墨。他说："如此的结局才是真正的世界末日。我们所处世界的末日。"这样简单的一句话，仿佛将一幕壮丽而又悲伤的图景直接呈现在人的眼前，摄人心魄。

在开始帮助孟先生润色时，小豌豆还在我的肚子里，而此时，他已经来到这个世界上一百多天，经历过风雨雪霜，看到了星辰日月。希望他会喜欢这个礼物。也希望读者们会喜欢。

2018 年春